대한민국
비밀여행

때때로, 복잡한 일상을 떠나 만나는 조용한 여행의 즐거움
대한민국 비밀여행

2011년 9월 26일 초판 발행 ○ 2012년 2월 27일 2쇄 발행 ○ **글·사진** 이성원 ○ **펴낸이** 김옥철 ○ **편집** 김준영, 박현주 ○ **디자인** 황보명
마케팅 김헌준, 이지은, 강소현 ○ **출력** 스크린출력센터 ○ **인쇄** 천일문화사 ○ **펴낸곳** (주)안그라픽스 ○ **등록번호** 제2-236(1975.7.7)

편집·디자인 110-521 서울시 종로구 명륜동 1가 33-90 화수회관 302호 ○ 전화 02.745.0631 | 팩스 02.745.0633
이메일 agedit@ag.co.kr
마케팅 413-756 경기도 파주시 교하읍 파주출판도시 회동길 125-15 ○ 전화 031.955.7755 | 팩스 031.955.7744
이메일 agbook@ag.co.kr

컬처그라퍼는 우리 시대의 문화를 기록하고 새롭게 짓는 (주)안그라픽스의 출판 브랜드입니다.

ISBN 978.89.7059.605.1 (13980)

대한민국
비밀여행

때때로, 복잡한 일상을 떠나 만나는
조용한 여행의 즐거움

이성원 글·사진

컬처그라퍼

차례

맛,
달콤 쌉싸름한 여행의 즐거움

풍경,
아련하게 남은 사진 한 장

이야기,
길 위에서 만난 사람들

발자국,
내가 지나온 순간에 대한 기억

한탄강 주상절리 p.208
백담사 p.74
법흥사 적멸보궁 p.48
삼척 해신당 p.14
태안 만리포 p.312
월악산 미륵사지 p.28
울진 송이버섯 p.132
계룡산 갑사 p.64
호산춘 p.98
와선정 p.280
청량산 두들마을 p.256
용문사와 금당실마을 p.344
도명산 화양구곡 p.188
청송 얼음골 빙벽 p.362
계족산 황톳길 p.290
성광성냥공업사 p.244
경주민속공예촌 신라요 p.300
덕유산 p.372
남산 칠불암-용장사지 p.172
우포늪 p.216
장생포 고래고기 p.158
임자도 민어 p.86
증도 태평염전 p.38
하동 차밭 p.108
병풍도 p.268
조계산 굴곡이재 p.122
거제 공곶이 p.236
월출산 미왕재 p.180
흑산도 홍어 p.142
해남 미황사 p.54

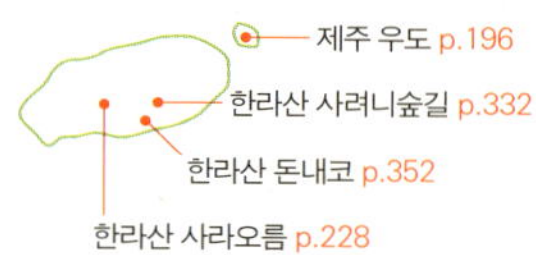

제주 우도 p.196
한라산 사려니숲길 p.332
한라산 돈내코 p.352
한라산 사라오름 p.228

여는 글

여행기자 경력만 7년이 넘자 이제는 주위에서 "어떻게 하면 여행이 더욱 즐거워지냐?"고 묻는 사람들이 많습니다. 그분들께 저는 여행 갈 때는 카메라만 들고 가지 말고 작은 수첩 하나를 더 챙기라 권합니다.

보통 여행지에 가보면 그곳에 자신이 왔음을 증명하는 사진만 찍고 돌아가는 경우가 많습니다. 하지만 일상으로 돌아와 사진을 들여다 보면 사진 프레임 속의 풍경은 남아 있는데 눈으로 본 풍경의 기억은 가물가물한 경우가 허다할 것입니다. 결국 여행은 내가 아니라 카메라만 다녀온 셈이 되는 거죠.

제가 수첩을 권한 건 멋진 풍경을 만나거나 여행의 멋진 추억을 얻게 될 경우 그때의 감정이나 머리 속을 스친 문장 혹은 단어를 하나라도 기록해보라는 이유입니다. 그렇게 기억을 기록하는 순간 그 풍경은 온전히 제 것으로 남게 됩니다.

여행이 직업이라 보니 대부분 무거운 카메라 가방을 짊어지고 홀로 외로이 여행 취재를 다니는 경우가 많습니다. 그러다 보니 가족이나 친구와 여행을 다니고 싶은 적도 많았습니다. 그래야 훨씬 재미있고, 여행 그 자체를 즐길 수 있을 줄 알았습니다. 하지만 실제로 가족이나 친구와 시간을 내 여행을 다녀보면 여행 취재 때 이상의 재미를 느끼긴 힘들었습니다.

도대체 왜 그럴까 생각해봤습니다. 그리고 여행 취재 때 무엇이 가장 즐겁고 기억에 남는지를 떠올려 봤습니다. 오랜 기다림 끝에 햇살이 비춘 풍광을 사진에 담았거나, 힘든 걸음이나 산행을 통해 원했던 풍경을 만났을 때 느꼈던 '무언가 해냈다'는 충만감이 제일 좋았습니다.

특히 여행에서 감정이 절정을 이루는 순간, 머리 속을 스치는 문장 한 줄 혹은 단어 하나가 떠올랐을 때 그 희열은 절정에 이릅니다. 풍경을 기록해 전달해야 하는 직업의식 때문일지도 모르지만, 눈 앞의 아름다운 풍경을 가장 적절히 묘사할 수 있는 글귀가 떠오르고 그 느낌을 수첩에 적고 있는 바로 그 순간이 제겐 아마도 가장 짜릿하고, 행복했던 여행의 순간이 아니었나 싶습니다.

그렇게 풍경이 전해준 메모들을 모아 글을 썼고, 그 글들을 모아 이렇게 책을 만들었습니다. 제가 다녔던 많은 여행지 중 가장 깊은 울림을 주었던 풍경들만 모아 엮은 책입니다.

일일이 이름을 거명하진 못하지만 여행의 순간순간 만났던, 우리나라 풍경만큼이나 아름다운 추억을 준 모든 분들께 감사드립니다. 김옥철 사장을 비롯, 책을 내느라 수고하신 컬처그라퍼 출판팀에게도 인사를 올립니다.

많은 비경을 소개시켜 주신 승우여행사 이종승 사장께 존경과 함께 감사를 표하며, 저보다 나이는 어려도 항상 많은 것을 배울 수 있었던 여행 동무 이원근에게도 이 자리를 빌어 고맙다고 전하겠습니다.

그리고 집보다 여행에 미쳐 돌아다니는 가장을 묵묵히 기다려준 가족에게 진정 고맙다는 말을 전합니다.

2011년 9월 이성원

여행, 때로는 조용히

홀로 떠나는 시간

내 안의 나를
다독이며

한 해가 저물고 있다. 지난날의 회한을 털어내고 내 안의 나를 다독이며, 일 년 중 가장 진지해지는 시기다. 겨울 바다로 마음이 절로 향하는 이유다. 넘실대는 파도는 맺힌 응어리를 훌훌 털고 가라고 가슴을 두들기듯 몰아쳐온다. 바다는 하늘빛 진하게 고아낸 물색, 그것만으로도 마음 속 설움과 분노 따위를 하찮게 만들어 버린다.

허한 마음 달래려 떠난 여행길, 헤드라이트가 가르는 어둠은 가슴속 먹먹함 만큼이나 짙었다. 삼척을 향해 달려 원덕읍 신남마을 해신당 아래 갯바위에 도착해 날이 밝기를 기다렸다. 시간이 한참 지나고 컴컴하기만 했던 막막한 공간 한가운데에 붉은 기운이 번져 오르며 이내 하늘과 땅을 둘로 나누었다. 의유당意幽堂 남씨가 「동명일기東溟日記」에서 쓴 것처럼 "진홍대단眞紅大緞 여러 필疋을 물 우희 펼친 듯 만경창파萬頃蒼波 일시에 붉어 하늘에 자옥"했다.

해신당공원 앞 바다에서 태양이 하늘을 붉게 태우면서 떠오르고 있다.

　갯바위에 뿌리 내린 해송에도 그 붉음이 번져올 때 드디어 바닷물 한가운데에서 숯불 같은 태양이 떠올랐다. 새벽 찬바람에 얼어붙었던 온몸이 덩달아 달아올랐다. 태양이 바다를 떠나려는 순간, 아쉬운 바닷물이 햇덩이를 붙잡는 듯 그 끝에 붙어 따라 오른다. 구름은 물론 적당한 습도까지 맞춰줘야만 볼 수 있다는 일명 '오메가 일출'이다. 큰 기대를 하지 않고 있었기에 일출 포착의 감격은 더욱 컸다. 이 행운이 온 것은 해신당의 영험 탓일까?

　신남마을 앞에 '애바위'라는 귀여운 섬이 하나 있다. 옛날 이 마을에 서로 장래를 약속했던 처녀 애랑이와 총각 덕배가 살고 있었다. 어느 날 덕배는 미역을 따러 간다는 애랑이를 이 바위섬에 내려놓고 밭일을 나갔다. 하지만 조금 후 갑자기 파도가 거세게 불어와 배를 띄울 수 없었다. 덕배는 살려달라 소리치던 애랑이를 도울 방법이 없었고, 결국 애랑이는 집채만한 파

손각시 애랑이를 기리기 위해 신남마을
주민들이 지은 당집.

도에 휩쓸려 목숨을 잃었다.

그 후 바다에선 웬일인지 고기가 잡히지 않았다. 마을 사람들은 죽은 처녀의 원혼손각시을 달래기 위해 바닷가 언덕 오래된 향나무 옆에 당집을 만들어 제를 지냈다. 하지만 소용이 없었고 주민들의 속은 점점 타들어 갔다. 야속한 마음에 어느 남정네가 애바위에 욕설을 퍼부으며 바지춤을 내리고는 바다를 향해 시원하게 오줌을 갈겨댔다. 그런데 신기하게도 다음날 그가 타고나간 배가 만선으로 돌아왔다. 마을사람들은 그제서야 손각시 애랑이가 원하는 바를 알 수 있었다.

그 후 마을 사람들은 매년 음력 정월대보름과 시월 첫 오午일에 제사를 지내며 남근 모양의 조각을 깎아 굴비두름 엮듯 새끼줄에 매달아 당집에 바쳤다. 오일은 성기가 가장 큰 말의 날이기 때문이고, 여신을 공궤하기 위해 향나무로 만든 남근목은 꼭 홀수로 만들어 놓았다고 한다.

이러한 작은 어촌마을의 '남근봉납제의'의 전통은 21세기에 들어 관광상품으로 떠올랐다. 삼척시는 남근 깎기 대회를 열어 당집이 있는 해신당 언덕에 그 남사스러운 조형물들을 버젓이 세워 놓고 공원을 만들었다.

해신당공원의 전망 좋은 벼랑에는 동해안 어촌의 생활상을 보여주는 어촌민속전시관도 들어섰다. 이 전시관에선 엘리베이터를 타고 바로 갯바위 군락이 아름다운 해변산책로로 내려갈 수 있다.

하늘을 향해 불끈 솟아 있는 해신당공원의 거대한 남근 조형물.

　　해신당공원의 백미는 야외에 설치된, 푸른 하늘을 향해 불끈 솟아 있는 거대한 목제 남근들이다. 남근이란 것이 떳떳이 드러내 놓고 말하기 민망하고, 이제는 그 고유의 이름마저 천박한 비속어로 간주돼 입밖에 꺼내는 것조차 금기시되고 있지만 이곳 해신당공원의 남근들은 보란 듯 우리네 도덕 기준에 야유를 퍼붓는다. 남근의 조형물들이 대놓고 질러대는 질펀함 때문일까, 공원을 찾은 이들의 눈에는 외설적으로 보이지 않는다. 관광객들은 그저 남근의 사열에 하나같이 유쾌한 웃음을 터뜨릴 뿐이다.

| 아름다운 삼척~동해 구간의 바다 |

삼척의 바다는 광활하면서 아기자기하고, 역동적이면서 아늑하다. 총 58km의 긴 해안선 전체가 아름다운 해수욕장과 아늑한 포구, 파도 부서지는 기암괴석의 갯바위들로 이뤄져 있다.

　　해신당공원 고개를 넘어서면 발 아래로 갈남 1리 앞바다가 펼쳐진다. '월미도'라 이름 붙은 솔섬과 그 앞 갯바위들의 풍경이 차를 절로 세우게 하는

삼척 증산해수욕장에서 바라본 추암해변의 기암들.

곳으로 바다 빛깔이 유독 곱다. 곧이어 나타나는 장호항은 '한국의 나폴리'
라 불리며 천혜 자연 절경과 억척스러운 어부들의 삶을 체험할 수 있는 미
항이다. 항구를 지나 장호용화랜드에서 아름다운 장호항의 풍경이 한 눈에
내려다 볼 수 있다. 용화해수욕장을 지나 만나는 고갯길의 전망대에서는 2
개의 백사장이 이어지며, 커다란 3자 모양 활처럼 크게 휘어진 용화해수욕
장과 그 너머의 장호해수욕장이 그려내는 풍광을 감상할 수 있다.

　　삼척 초곡草谷은 황영조의 고향마을로 황영조 기념관이 언덕 위에 자리
잡고 있다. 초곡의 또 다른 자랑은 작은 터널과 소나무가 우거진 숲길이다.
터널을 지나 숲길 끝까지 이르는 800m의 길은 오른쪽으로 시원한 동해

를, 왼쪽으로는 나지막이 들어앉은 마을을 굽어볼 수 있다.

정라항에서 삼척해수욕장까지 5km구간 바다를 옆구리에 끼고 달리는 해안도로의 이름은 '새천년도로'이다. 2000년에 개통돼 이름 붙여진 길로 가장 가까이 바다를 만날 수 있고, 또 가장 망망한 바다를 조망할 수 있는 길이기도 하다.

삼척해수욕장 해변을 따라 계속 달리면 증산해수욕장이 나온다. 동해시 관할인 추암해수욕장과 이웃하고 있는 아름다운 백사장이다. 일출의 명소 추암^{湫岩}의 풍경을 추암해수욕장보다 더 많이 담고 있는 해수욕장이다. 해수욕장 입구에는 해가사^{海歌詞} 터 정자와 기념비, 수로부인의 전설을 소재로 한 사랑의 여의주가 있다. 부부나 연인들은 '드래곤볼'로 불리는 사랑의 여의주를 빙빙 돌리며 소망을 빌고 사랑을 기원한다.

삼척의 바다는 역동적이면서도 오밀조밀한 아름다움을 갖고 있다.

┃ 황금과 물의 동굴, 대금굴 ┃

강원 삼척의 대금굴은 삼척의 대표적인 동굴지대인 신기면 대이리의 환선굴 옆에서 발견된 동굴이다. 환선굴로 오르는 길가 계곡인 물골은 가파른 절벽 틈새에서 폭포수 같은 많은 물이 흘러내려 삼척시는 그 안에 동굴이 있을 것이라 추측하고 2000년부터 탐사를 시작했다고 한다. 3년 여 물길을 찾아 들어가 마침내 발견한 동굴이 대금굴이다.

해신당공원과 가까운 갈남리 바다 바로 앞에 떠있는 솔섬(위)과 관동팔경에 등장하는
삼척 죽서루(아래).

　　동굴 내부의 커튼형 종유석이 진한 황금색을 띤다고 해서 '대금大金'이란 이름이 붙었다. 땅 속에 묻혀 단 한 조각의 빛도 들어오지 않는 '절대 암흑'의 5억3,000만 년이라는 그 긴 시간동안 물과 돌이 서로를 쓰다듬으며 빚어낸 찬란한 예술을 이룩했다. 동굴은 독특하면서도 아름다웠다. 대금굴 구경은 '은하열차'란 이름의 모노레일을 타고 시작된다. 대금굴 관광센터에서 출발하는 42인승 모노레일은 500m를 느릿느릿 계곡을 따라 동굴로 향한다. 동굴 입구에서 170m 길이의 터널을 지나면 모노레일의 종점인 동굴광장이 나타난다. 이곳부터 1,225m의 철제 관광로를 따라 걸으며 본격 동굴탐사가 시작된다.

대금굴로 연결되는 모노레일.

　　대금굴은 '물의 동굴'이다. 동굴 안에는 깊은 계곡처럼 많은 양의 물이 콸콸 흐르고 있고, 그 물길을 따라 관람로가 이어진다. 처음 만나는 8m 높이의 지하 비룡폭포는 상들리에 마냥 천장에 붙은 종유석을 향해 웅장한 물소리와 물안개를 뿜어낸다.

　　관람로를 따라 각종 종유석과 석순, 석주 등 무한의 시간이 빚어낸 동굴의 마법이 펼쳐진다. 국내에서 보기 힘들다는 커튼형 종유석이 금빛으로 반짝이고, 지팡이 굵기의 높이 3.5m 되는 막대형 종유석이 부러지기 직전의 아슬아슬한 모습으로 위태롭게 서있다. 계단식 논처럼 층층의 테라스를 이룬 휴석소 위에는 맑간 물이 고여 천장의 아름다운 종유석을 비추고, 여성의 성기를 꼭 빼닮은 동굴의 한 구멍은 보는 이로 하여금 낯을 붉히게 만든다.

　　관람로의 끝 부분에는 폭 30m, 길이 60m에 달하는 커다란 호수가

강원 삼척시 원덕읍 해신당

'물의 동굴'인 대금굴에서 가장 화려한 물줄기를 선보이는 비룡폭포.

대금굴의 화려한 종유석. 유독 황금빛을 띄고 있어 '대금'이란 이름이 붙었다.

있다. 수심 9m인데도 조명이 닿은 바닥의 돌들이 선명히 보일 정도로 물이 맑다. 대금굴은 환선굴과 매표소를 함께 사용한다. 한번에 40명씩 안내자의 인솔 아래 1시간~1시간30분 동안 동굴을 관람하게 된다. 동굴관람 예약은 인터넷 www.samcheok.go.kr 으로만 가능하다. 대이동굴관리사업소 (033.541.9266).

첫날 오후 삼척 도착 → 대금굴 환선굴 등 탐방 후 숙박

다음날 새벽 해신당 일출 → 해신당 공원 둘러보고 삼척 해안길 드라이브 후 귀경

+ 가는 길

영동고속도로를 이용 강릉까지 가서 동해고속도로로 갈아타고 동해IC까지 내려온다. 7번 국도로 갈아타고 장호항을 지나 신남마을 해신당 공원을 찾아간다.

+ 음식/숙박

삼척에선 해장국으로 곰치국이 유명하다. 살이 무른 곰치 몇 토막에 푹 삭은 신김치를 썰어 넣어 맛을 낸 곰치국 한 그릇이면 지난밤의 쓰린 속이 저만치 달아난다. 임원항·정라진항·삼척해수욕장 등에 제맛을 내는 음식점들이 많다. 정라진항의 '바다횟집(033.574.3543)' 등이 유명하다.

+ 여행 팁

바닷가 어느 곳에서나 싱싱한 자연산 회를 즐길 수 있다. 삼척시민들은 손님이 찾아오면 보통 가까운 삼척해수욕장이나 새천년해안도로변의 횟집타운을 찾는다. 좀더 싼 가격에 회를 즐기려면 임원항 등 포구로 가는 게 좋다.

삼척의 크고 작은 포구에선 펄떡거리는 생의 활력을 느낄 수 있다.

소망을 널다

해안 도로변엔 허리 구부정한 노파들이 널어놓은 오징어가 꾸덕꾸덕
마르고 있다. 겨울 해풍에 쫀득하게 마르는 오징어는 역광을 받아 마치
부처님 오신 날의 소망을 담은 연등처럼 반짝인다. 저 오징어 한 마리
한 마리는 어쩌면 노파들이 자녀들의 안녕과 간절한 소망을 담아 걸어놓은
등인지도 모른다.

충북 충주시 월악산 미륵사지
미륵의 시선으로
굽어보는 산하

경주의 감은사지가 그랬고, 양양 미천골의 선림원지가 그랬다. 탑과 주춧돌만 덩그러니 남은 그곳에 서면 마음이 편해지고 온몸이 따뜻해진다. 황량하게만 보일 법한 그 풍경이 되레 지친 심신에 위로를 전해주었다. 묵묵히 지켜온 천년의 세월, 폐사지는 그 시간을 품은 온기로 언제나 따사로웠다.

충북 월악산 자락의 미륵사지彌勒寺址는 심심산골 외진 곳에 터만 남은 폐사지이다. 차가운 골바람 부는 미륵사지에는 석불과 석탑, 석등, 귀부 등이 남아 천년 전 옛 영화를 이야기 한다.

이곳을 이야기할 때 빼놓을 수 없는 것이 하늘재다. 문경과 충주를 잇던 고갯길로 우리 역사에 기록된 가장 오래된 고갯길이다.『삼국사기三國史記』는 신라 8대왕 아달라왕이 156년에 북진을 위해 고갯길을 뚫었다 적고 있다. 고대 국가의 틀을 갖추기 시작하던 초기 신라 사람들이 영토 확장을 위해 기원후 156년에 개척한 옛길 계립령鷄立嶺이 바로 하늘재다. 언뜻 '하늘과 맞닿아 있다'고 해서 이름 지어졌지만 해발 525m로 그리 높지는 않다. 하늘재는 지리적 요충지로 이곳을 통해 신라는 중원을 꿈꿨고, 고구려 백제는 남녘 바다를 도모했다. 이때문에 세력 다툼의 접점지로 싸움이 빈번할 수 밖에 없었다. 하늘재는 고려시대에 '대원령大院嶺'이라 불려지기도 하면서 더욱 발전된 교통로를 발전한다. 주변에 미륵사·관음사 등 거대 사원이 세워지고 큰 역원驛院과 함께 산성들도 축성된다.

문경시 문경읍에서 하늘재가 만나는 마을은 관음사가 있던 '관음리'다. 고개 너머 충주 땅은 미륵사지가 있는 '미륵리'이다. 하늘재는 이렇게 현세의 고통을 정화하는 관음세상과 내세의 소망을 모으는 미륵세상을 잇고 있다. 조선 들어 문경새재가 열리면서 하늘재는 그 효용이 떨어져 점차 사람들에게 잊혀져 갔다. 거대한 사찰도, 그 옆의 커다란 고려 역원도 바닥의 석물만 남은 채 스러져갔다.

지금 인적 뜸한 미륵사지엔 거대한 불상만이 그 자리를 지키고 서있다. 둥글게 둘러싼 돌집 가운데에 길쭉하게 솟은 석불은 1개의 돌이 아닌 6개의 화강암을 탑처럼 쌓아 올려 이룬 것이다. 부드러운 미소의 석불도 볼거리

지긋이 눈을 감고 부드러운 미소를 품고 서있는 미륵사지의 불상.

지만 석불을 둘러싼 돌집이 특히 이색적이다. 경주의 석굴암처럼 석불을 감
싼 석굴의 모습으로 6m 높이의 석축을 쌓고, 가운데 목조로 둥그런 지붕을
만들어 세웠던 '지상의 석굴암'이지만 지금은 석불과 석축만 남아 있다.

누가 쌓은 걸까? 지방 호족이 세를 과시하기 위해 경주의 석굴암을 흉
내낸 게 아닐까 한다. 고도로 세련된 경주의 석굴암에 비하면 덩치만 커다
란 엉성한 석불의 모습은 한마디로 촌스럽다. 하지만 그래서 더욱 정감 있
고 친근하다.

이 석불의 또 다른 특징은 일반적이지 않게 북쪽
을 바라보고 있다는 점이다. 여기엔 마의태자와 덕주
공주의 애틋한 이야기가 깃들어 있다. 많은 이들은 이
석불을 망국의 한을 품고 금강산으로 들어가던 마의
태자와 덕주공주 남매가 세웠다고들 한다. 석불은 마
의태자 자화상이고, 북쪽을 향하고 있는 것은 덕주공
주 상인 월악산 덕주사 마애불을 바라보기 위해서라
고 하지만 패망의 왕자와 공주에게 그런 여유가 있었
을까 싶다.

석불의 뒤편에 서서 그 시선을 따라가면 왜 북쪽
을 바라보고 있는지 알 것 같다. 석불이 바라보고 있
는 것은 치맛자락 펄럭이는 듯한 월악의 고운 산자락
이다. 정면으로 뻗은 월악 송계계곡이 심심산골 한복
판에 시원하게 시야를 뚫어낸다. 석불도 뒤편의 꽉 막
힌 산자락을 보고 벽면수도 할 생각은 없었던 것이다.
석불과 딱 어울리는 파트너로 고졸한 5층 석탑이 폐사

미륵사지 오층석탑(위)과
온달장군이 가지고 놀았다던 공깃돌
바위(아래).

                    충북 충주시 월악산 미륵사지

미륵사지의 비석을 받쳤던 국내서 가장 큰 거북바위(왼)와 고려 때 역원이 있던 미륵대원 터(오른).

지 중앙에 솟아 있고, 작은 내를 건너면 온달장군이 가지고 놀던 공깃돌이라는 동그란 바위가 자리하고 있다.

미륵사지의 또 다른 볼거리는 거대한 거북바위다. 길이 6m가 넘는 우리나라 최대 규모의 거북 모양의 비석 받침돌이다. 폐사지 바로 옆에는 고려 때 길손이 묶던 커다란 역원의 흔적인 미륵대원 터가 남아 있다. 이 옆길을 따라 산자락을 오르면 하늘재다.

미륵사지 석불 앞에 서서 눈을 감고 이전의 사찰 모습은 어땠을까 상상해 보지만 쉽지 않다. 눈을 떴다. 다시 보는 미륵사지는 폐사지 그 자체만으로 완벽해 보였다. 그래서 바로 옆 이상한 모양으로 들어선 '미륵 세계사'란 이름의 절이 눈에 거슬린다. 천년의 시간을 보내고 폐사지로 남은 이곳은 그 자체로 군더더기 없는 완벽한 사찰, 미륵불의 세상이다.

왕건의 전설이 어린 문경의 옛길 토천.

경북 문경은 '길'의 고장이다. 영남의 길목인 문경엔 하늘재 말고도 관심을 둘 만한 길이 여럿 있다. 하늘재가 신라 때 열려 고려 때까지 주요 교통축을 담당했다면, 문경새재는 조선시대 대동맥 역할을 한 고갯길이다. 일제 때는 그 새재 옆으로 신작로 이화령길이 열렸고, 꼬불꼬불한 그 길을 펴기 위해 다시 땅밑으로 이화령터널이 뚫렸다. 지금은 시속 110km를 허락한 중앙내륙고속도로가 그 곁을 스치고 지난다.

조선 태종 때 뚫린 새재는 500년 동안 한양과 영남을 잇는 제1의 대로였다. 당시 동래에서 한양까지 가려면 추풍령과 새재, 죽령 등 3개의 고개 중 하나를 선택해야만 했다. 그 중 가장 빠른 길이 새재 길이었다. 추풍령은 낙엽처럼 떨어지고, 죽령은 대나무처럼 미끄러질 수 있어 특히 과거시험 보러 가는 선비들은 유독 새재만 고집했다고 한다.

지금껏 남은 새재의 정갈한 흙길은 눈과 귀와 마음을 열고 편안히 걷는 길이다. 새재에는 고갯길의 입구 주흘관主屹關을 비롯해 중턱의 조곡관鳥谷關과 고갯마루의 조령관鳥嶺關 등 3개의 관문이 버티고 섰다. 임진왜란 때 순식간에 서울까지 빼앗기자 그 뒤 부랴부랴 쌓은 성곽들이다.

첫 관문 주흘관에서 새재 여행은 시작된다. 장대한 성문을 지나면 KBS 드라마 세트장이 나온다. 한때 문경시에 최대 관광소득을 선물했던 곳으로 고갯길이지만 경사가 낮아 힘들지 않다. 2관문까지는 객사였던 조령원鳥嶺院과 영남 감사 이취임식이 열리던 교구정交龜亭 등 볼거리가 많아 지루하지

충북 충주시 월악산 미륵사지

문경새재의 1·2·3 관문 중 맨 위 고갯마루에 있는 조령관(위)과 중턱의 조곡관(아래).

않다. 2관문을 지나 3관문까지는 한층 고즈넉한 분위기로 숲은 깊어지고 인적은 뜸해진다. 문경새재의 아리랑비를 지나 한참을 오르면 과거 보러 가던 선비들이 급제를 기원하던 책바위가 있다. 주변은 온통 소원을 적은 소원지들로 마치 서낭당 같은 모습이다.

문경의 옛길 여행 중 빼놓지 말아야 할 곳이 영남대로 옛길 코스인 토천兎遷이다. 진남역 인근에 영강의 물줄기를 가로막고 선 깎아지른 벼랑이 있다. 그 벼랑을 타고 오르내리는 좁디 좁은 길은 예전 부산 동래와 한양을 잇던 중심길인 영남대로 중 옛 모습이 보존된 것이다. 이 벼랑길은 고려 태조 왕건이 남으로 진격할 때 길이 끊어졌는데 토끼 한 마리가 벼랑을 내려가는 것을 따라가다 발견하였다고 한다. 그래서 붙은 이름이 '토천兎遷'이다. 문경새재 관리사무소(054.550.6421).

첫날　오전 미륵사지 도착 → 수안보온천이나 문경
온천에서 온천욕 후 문경새재 탐방

다음날　하늘재 토천 등 둘러보고 귀경

+ 가는 길

중부내륙고속도로를 이용하는 게 빠르다. 충주IC에
서 나와 수안보쪽으로 방향을 잡는다. 수안보온천단
지에서 597번 지방도로를 타고 좌회전 송계계곡 쪽
으로 달리면 미륵사지 입구가 나온다.

+ 음식/숙박

문경에서는 약돌돼지를 꼭 먹어보길 권한다. 게르마
늄과 셀레늄 성분의 약돌 분말을 첨가한 사료로 키
운 돼지로 누린내가 나지 않고 육질도 부드러운 게
별미다. 문경새재도립공원 안의 음식점 '문경약돌돼
지(054.571.2020)'가 유명하다.

문경새재 인근과 수안보온천단지에 머물 호텔, 여관
등이 여럿 있다.

+ 여행 팁

미륵사지를 둘러보느라 추워진 몸은 '수안보온천
(043.846.3605)'이나 양성온천지구에서 푹 녹여
낼 수 있다. 충주시청 문화관광과(043.850.6730).

석불이 지키고 선 미륵사지에선 쓸쓸한 듯하면서 아늑한 폐사지의 정취를 느낄 수 있다.

전남 신안군 증도면 태평염전
처연한 노을 속에
흐르는
짭조름한 눈물
처연한 노을 속에

어른이 된다는 것, 나이가 들어간다는 것은 점차 울음과 멀어져 가는 과정일 게다. 아이들의 얼굴에서 천진난만한 미소가 잦아들 무렵 그들에게 일상이던 울음소리도 작아져만 간다. 굳어져 가는 우리의 표정은 어쩌면 웃음이 없어져서가 아니라 울음을 잃어버렸기 때문일지도 모른다. 울 일이 아주 없어진 것은 아닐 터, 꾹꾹 누른 울음들은 차곡차곡 가슴 속에 쌓여 서늘한 덩어리로 굳어져가고 있을 뿐이다.

30여 년 전 전남 신안군 증도 앞바다에서 한 어부의 그물에 청자 화병이 건져 올려졌다. 바다 속에 가라앉은 선박에서 송·원시대 유물 2만3,000여 점이 건졌고, 증도는 이후 '보물섬'으로 유명세를 치러야 했다.

세월이 흘러 다시 도착한 증도에서 얼마 벗어나지 못해 시선은 한 방향으로 고정된다. 바둑판 모양의 드넓은 염전과 소금 창고가 일자로 길게 늘어선 국내 최대 염전이라는 태평염전이다. 140만 평에 달하는 소금밭을 소금 창고들이 길게 가로 지른다. 사과 궤짝 같은 창고는 전쟁통에 지어진 후 수십 년 시간의 더께로 거무튀튀하다. 소금 창고 2~3개 꼴로 염부들의 거처인 허름한 숙소가 있다. 소금 창고 옆에는 창고 수만큼의 전봇대가 하나씩 줄줄이 늘어섰고, 축축 늘어진 전깃줄이 퇴락한 건물과 어울려 그로테스크한 풍경을 그려내고 있다.

소금을 만드는 건 바닷물과 햇볕, 그리고 염부의 땀방울이다. 염부는 갯벌을 다져 만든 염전 위로 저수지에 가두었던 바닷물을 끌어와 태양에 말

거무튀튀하고 퇴락한 모습으로 염전 위에 늘어선 소금창고.

전남 신안군 증도면 태평염전

함수창고에서 바닷물을 꺼냈다 말리기를 수 십 차례 후 굵은 결정의 소금이 만들어진다.

린다. 이 소금물을 무릎 높이의 낮은 슬레이트 지붕의 함수 창고에 보관했다가 다시 염전으로 꺼내 말리기를 20여 차례 반복한다. 20여 일이 지나면 고무장판이 깔린 채렴장에서 대파^{소금물을 미는 고무래}질을 통해 눈부시도록 새하얀 소금 결정을 빚어낸다. 소금을 쌓아놓고 남은 간수가 빠지기를 기다리는 곳이 나무로 지은 소금 창고다.

해가 뉘엿뉘엿 질 무렵 소금 창고 옆 허름한 숙소에서 밥 짓는 냄새가 퍼져 나왔다. 붉은 석양은 소금물 자작자작한 염전 위로 녹아 들고, 세월의 무게를 못이겨 너덜대던 소금 창고의 나무 문짝은 휙하니 한자락 지나는 바람에 '끽~ 끽~' 목 쉰 울음소리를 낸다. 땅거미 막 드리우려는 해질 녘의 염전은 시간도 꿈도 멈춘 듯 마냥 가슴이 시려온다. 풍경이 주는 왠지 모를 서글픔에 가슴은 속으로 울음보를 터뜨리기 시작한다. 깊은 그 울림에 가슴 속에 굳어 있던 서늘한 덩어리가 조금씩 녹아 내린다. 세상의 모든 설움이 농축된 듯, 노을진 염전은 그렇게 처연했다. 늙은 염부가 건져 올린 새하얀 소금은 바닷물이 아닌 눈물의 결정일지도, 모든 서러움의 결정일지도 모른다.

| 환상의 해송 숲길 산책로와 소금박물관 |

올레길에서 촉발된 걷기 열풍은 증도 또한 그냥 지나치지 않았다. 증도 모실길이 그 주인공이다. 증도의 섬 곳곳을 연결해 천천히 거닐 수 있는 산책로가 조성되고 있다.

증도 걷기의 하이라이트는 바로 해송 숲길로 길이 4km가 넘는 우전 해수욕장 바로 뒤에 조성된 해송 숲 안에 놓여졌다. 바닷바람을 막기 위해 조성된 이 숲은 멀리서 보면 딱 한반도 모양을 하고 있어 '한반도 해송 숲'으로 불리기도 한다. 이 숲 안에 둘이 손잡고 걸어가기 딱 좋을 폭으로 산책로가 있다. '철학의 길', '명상의 길', '망각의 길' 등의 이름표를 달고 있으며 걷는 내내 우전해수욕장 너른 바다의 풍성한 파도 소리가 내내 함께 한다. 솔 그늘에서 불어오는 시원한 바람에 마음을 다독이는 길이다. 모래가 깔려 푹신한 길에서 느껴지는 발바닥의 감촉이 부드럽다. 무엇보다 사람들이 드물어 한적하게 증도의 여유를 즐길 수 있어 좋다. 총 4.6km로 한두 시간 가볍게 걷기에 알맞다.

태평염전 입구의 석조 소금 창고는 소금박물관으로 활용된다. 소금에 대한 상식과 재미난 소금의 역사를 배울 수 있다. 고구려 주몽이 티베트 소금산으로 소금을 구하러 갔고, 고구려 15대 미천왕은 최초의 소금장수였다고 한다. '샐러리Salary'는 로마시대 소금으로 급여를 받는 병사Soldier에서 유래됐다는 것, 프랑스 혁명과 미국의 남북전쟁, 간디의 비폭력 저항운동도 소금과 깊은 관련이 있다고 설명되어 있다.

우전해수욕장이 감싼 증도의 넓은 바다.

소금박물관 옆에 소금동굴 힐링센터가 생겼다. 태평염전의 천일염을 이용해 천연 소금동굴의 환경을 만들어 놓은 곳이다. 사방의 벽과 천장엔 소금으로 발라져 있고 바닥엔 굵은 소금이 두껍게 뿌려져 있다. 새하얀 소금의 공간에서 침대와 의자에 몸을 뉘여 천일염의 기운을 잔뜩 들이마실 수 있다. 오스트리아의 잘츠부르크 등 유럽의 여러 도시에선 암염으로 된 소금동굴이 호흡기 질환과 피부질환 정신안정을 위한 대체 치료 수단으로 관광자원화 된지 오래다. 평균 20~23도의 온도를 유지한 소금동굴에선 숲보다 많이 방출되는 음이온을 듬뿍 받을 수 있다. 이곳에선 또 특수 가공된 소금입자를 분사시켜 호흡기를 통해 체내 흡수토록 하고 있다. 소금의 항염 기

능을 극대화한 시스템이다. 푸른 조명과 어우러진 하얀 동굴은 그 색감만으
로도 마음을 정화시키는 느낌이다.

┃ 짱뚱어다리 ┃

증도 갯벌의 또 다른 감상 포인트는 태평염전의 서쪽
끝에 위치한 방파제이다. 광활히 펼쳐진 찰진 갯벌 사
이로 물길이 굽이굽이 휘감고 흐르는 모습이 순천만
갯벌을 닮았다. 인근 우전해수욕장과 증동리를 잇는
470m 길이의 '짱뚱어다리'는 이 섬의 명물로 갯벌에
유독 짱뚱어가 많아 지어진 이름이다. 갯벌을 가까이
서 만날 수 있는 갯벌관찰로다. 날이 어두워지면 소박
한 조명이 다리에 빛을 띄운다. 밤이 되면 더욱 즐거워
지는 갯벌 위로의 산책이다.

갯벌에 짱뚱어가 득시글하여 이름
붙여진 '짱뚱어 다리'는 특히 야경이
아름답다.

첫날 오후 증도 도착 → 태평염전 석양 감상 후 숙박

다음날 증도 해송숲길 걷기 → 우전해수욕장 갯벌체험 후 귀경

+ 가는 길

서해안고속도로 함평분기점에서 무안광주고속도로로 갈아타고 북무안IC에서 내린다. 현경교차로에서 해제-지도 방향으로 달려 지도 송도 사옥도를 거쳐 증도에 이른다.

+ 음식/숙박

면사무소 앞 '고향식당(061.271.7533)', 우전리 '왕바위 갯벌 조개마당(061.257.8903)' 등이 증도 주민들도 추천하는 음식점이다.

우전해수욕장 남쪽 끝 해안 절벽에 위치란 고급형 숙박공간인 '엘도라도 리조트(061.260.3300)'는 모든 객실이 바다를 바라보도록 지어졌다. 해수 온천 스파·야외수영장·레스토랑 외에도 해수찜 시설 등 다양한 편의시설도 갖추고 있다. 리조트에서 바로 이어지는 해안에는 요트 크루즈·제트스키·바나나 보트·땅콩보트 등을 즐길 수 있는 해양레포츠 시설도 마련돼 있다(www.eldoradoresort.co.kr).

+ 여행 팁

증도 가는 길에 만나는 송도엔 신안군에서 운영하는 수협위판장이 있다. 저렴하게 싱싱한 해산물을 살 수 있는 곳이니 증도 지나는 길 들러볼 만하다. 송도에서 지도대교를 건너기 직전 우회전해 내려가면 있다. 위판장의 중매인들이 운영하는 가게들이 위판장에 바로 붙어 있다. 현장에서 회를 즐길 수 있도록 따로 kg당 3,000원을 받아 회를 쳐주는 매장도 함께 있다. 택배를 원할 경우 냉동포장에 보내주기도 한다. 신안군 관광안내소(061.240.8531), 증도면사무소(061.271.7619).

우전해수욕장에 위치한 엘도라도 리조트.

염전 위로 뜨는 태양

밤새 잠을 뒤척이다 이튿날 새벽에야 길을 나섰다. 사위는 아직
어둑했지만 발걸음은 저절로 염전으로 향했다. 지난 밤 한바탕 목놓아 울고
난 염전에 아침이 찾아왔다. 여명이 번지고, 닭 홰치는 소리에 부수수한
모습의 염부들 하나 둘 나와 소금밭을 저어댄다. 그리고 드넓은 염전
집어삼킬 듯한 붉은 태양이 솟아 올랐다. 염부는 힘찬 대파질로 염전에 깔린
모든 설움을 긁어 붉은 햇덩이 속으로 밀어 넣었다.

강원 영월군 법흥사 적멸보궁
적멸의 공간에서
비움의 욕심마저
지워버린다

산중의 겨울이라 날이 차갑다. 이른 아침 숙소를 나왔다. 꾸물꾸물한 하늘이 많이도 내려앉았다. '꼴두 국수'로 유명한 영월 주천의 신일식당에서 아침을 때 웠다. 주인 어르신이 날이 추워졌다고 툴툴대다 안주인에게서 춥다고만 하지 말고 옷을 든든히 입으란 지청구를 듣는다. 머쓱해진 주인 어르신은 애꿎은 난 로만 매만지다가 밖으로 나갔다. 금세 다시 돌아온 어르신은 함박 웃으며 눈이 내린다고 하신다. 주방에 계시던 안주인이 "눈이 올 때도 됐지. 소설 지난 게 얼 만데" 하며 추임새를 넣는데 그 목소리가 밝다. 주천에서도 이번이 첫눈이란다. 모처럼 많은 손님을 맞을 주말이라 눈이 오면 걱정이 될 만 한데도 노부부는 그 냥 눈 오는 것이 반가울 뿐이다.

영월군 주천면에서 첫눈을 맞으며 법흥사 法興寺로 향했다. 수년 전부터 첫눈이 오는 날에 맞춰 가보려 벼렀던 법흥사 적멸보궁이다. 여름이고 가을이고 여러 번 법흥사를 찾았지만 그때마다 왠지 첫눈이 생각났다. 그리곤 마음 속으로 누구도 밟지 않았을 순정한 눈길을 따라 열반 涅槃을 뜻하는 적멸 寂滅의 궁으로 걸어가는 상상을 해왔다. 드디어 그 기회가 온 것이다.

길은 벌써 눈으로 하얗게 뒤덮였고, 미끄러질지 모르는 불안감에 운전대를 잡은 손엔 땀이 흥건했다. 맑은 물이 흐르는 법흥 계곡에도 흰 눈이 차곡차곡 채워지고 있었다. 계곡을 따라 난 길을 따라 조심조심 운전해 들어가는데 사찰 1km 가량 못 미쳐 나타난 작은 턱에서 바퀴가 헛돌며 좀체 오르질 못했다. 더는 무리겠다 싶어 차를 대고는 짐을 챙겨 걷기로 했다.

모처럼의 눈길이고, 올 겨울 들어 처음 밟는 눈이다. 오랜만에 맛보는 눈과의 스킨십이라 부드득부드득 소리가 정겹기만 하다. 길가에 늘어진 소나무 가지에도 눈이 쌓인다. 바람은 불지 않았다. 눈은 사찰에서 들려오는 독경을 장단 삼아 나풀거리며 하염없이 내린다. 하얀 눈길은 적막했고 시선은 눈길을 지치고 나가는 발끝으로 향한다. 그리고는 어디로 가냐고, 왜 가냐고 묻는다.

법흥사는 신라 때 자장율사가 당나라에서 가져온 부처의 진신사리를 모셔놓은 곳이다. 진신사리는 설악

적멸보궁으로 올라가려면 법흥사
경내의 금강송 숲길을 지나야 한다.

적멸보궁을 품고 있는 법흥사에 눈이 소복하게 내렸다.

산 봉정암·오대산 상원사·영취산 통도사·태백산 정암사에 나뉘어 모셔져 있다. 자장율사는 지금의 법흥사 적멸보궁 자리 바로 뒤에 만든 토굴에 진신사리를 모시고 수도를 하다가 진신사리를 사자산 연화봉 깎아지른 벼랑으로 옮겨 놓았다. 사람과 들짐승은 닿기 힘든, 오로지 날짐승과 바람만 가까이 할 수 있는 곳이다.

법흥사 너른 마당을 지나 소나무 우거진 길을 걸어 적멸보궁으로 향했다. 그곳으로 가는 하얀 숲길에서 머리를 비우고, 삿된 욕망을 떨쳐낼 수 있길 기원하며 한발 한발 조심스레 걸음을 옮겼다.

적멸보궁 안, 부처가 있을 단 위에 황금빛 방석만 놓여 있다. 방석 뒤편

법흥사 절마당 한쪽에 세워진 종각 위로도 하얀 눈이 쌓이고 있다.

벽면은 유리창으로 뚫려 있고, 창 너머엔 부처의 진신사리를 안고 있는 사자산 연화봉의 풍경이 펼쳐진다. 적멸보궁에선 빈 방석, 빈 창문이 부처이다. 적멸보궁의 창 밖은 올해 처음 내린 함박눈으로 가득했다. 하얀 눈이 담아내는 그냥 하얗기만 한 도화지다. 빈 방석 위의 백지로 그려낸 풍경에 마음을 묻는다.

적멸보궁 근처에서 한참을 서성이다 발길을 돌렸다. 눈은 여전히 그치질 않는다. 돌계단과 숲길의 올라올 때 밟았을 내 발자국의 흔적마저 지워졌다. 내 몸에도 서서히 흰 눈이 쌓여간다. 세밑 비우려 떠난 여행길이었지만 그 비움의 욕심마저 하얀 눈이 지워버린다. 머리 위, 어깨 위로 쌓여가는 눈이 두툼해질수록 내 몸의 무게는 더욱 가벼워지는 느낌이다.

오전 법흥사 도착 → 적멸보궁 둘러보고 주천 요선정·
요선암 등 탐방 후 귀경

+ 가는 길

법흥사의 입구는 영월군 주천이다. 중앙고속도로 신
림IC에서 나와 88번국도를 타고 주천으로 향한다.
주천에서 수주를 지나 법흥사까지 20분 정도 걸린
다. 주천에서 법흥사를 오가는 시내버스가 하루 5번
운행한다.

+ 음식/숙박

한적한 시골마을이던 주천은 몇 년 전부터 한우관
광이란 특별한 테마여행지로 각광 받았다. 마을의
'다하누촌사거리점(033.372.2286)' 등 정육점에
서 저렴한 가격에 고급 한우를 구입, 바로 옆 식당
에 가서 상차림비만 내고 한우구이를 즐기는 형태
다. 다하누촌이 들어서기 전까지 주천은 한우보다
는 '꺼먹돼지'로 유명했었다. 한우가 조금 부담스러
우면 돼지고기로 대신할 수 있다. '운학골꺼먹돼지촌
(033.372.2280)' 등에서 고기를 구입, 한우처럼 옆
의 식당에서 상차림비만 내고 먹을 수 있다.
주천의 다른 맛집은 꼴두국수로 유명한 '신일식당
(033.372.7743)', 묵밥과 감자옹심이가 끝내주는
'주천묵집(033.372.3800)', 인근 안흥찐빵이나 황
둔찐빵 못지않은 맛의 '주천찐빵(033.372.4936)'
등이 있다.

+ 여행 팁

주천에 왔다면 주천강이 빚은 아름다운 절경인 요선
암(邀仙岩)과 요선정(邀僊亭)을 빼놓을 수 없는 일
이다. 수주면 '미륵암'이라는 작은 암자 앞마당에서
돌계단을 따라 강가로 내려가면 조각품처럼 기기묘
묘한 형상의 거대한 암반지대를 만난다. 요강 같은
구멍이 난 바위, 사과를 깎듯 둥그렇게 돌려 깎여 나
간 바위 등 밀가루 반죽으로 빚은 듯한 암반이 펼쳐
진다. 수많은 시간 물살이 만들어 낸 작품이다. 조선
중기의 명필 양사헌은 이곳 경치에 반해 '신선이 놀고
간 자리'라는 뜻의 요선암이란 이름을 붙였다. 미륵
암 뒤편으로 5분 가량 솔숲을 걸어 오르면 요선정이
나온다. 그리 크지 않은 정자 옆 커다란 바위에 몸통
이 툭 튀어나온 마애불이 새겨져 있다. 감자바위 같
은 느낌 이랄까. 정교하지 않지만 소박해서 더욱 정
감이 가는 마애불이다. 마애불 바위를 돌아가면 깎
아지른 벼랑 아래 굽이쳐 흐르는 주천강을 한 눈에
담을 수 있다. 바위에 뿌리를 내려 뒤틀린 소나무가
강변 풍경에 생기를 불어 넣는다.

적멸보궁으로 올라가는 눈계단.

땅끝 절에서 얻은
조용한 위로

기어이 또 땅끝에 서고 말았다. 이곳까지 오게 된 건 좀체 사그라지지 않는 천불이고, 떨쳐내지 못한 번민때문이었다. 대체 무엇이 그토록 서러웠을까.
마지막 벼랑 끝에는 파란 바다가 펼쳐졌을 거라 기대하고 왔건만 바다는 안개로 희뿌옇기만 했다. 땅끝탑 옆에 한참을 서있었지만 가슴은 쉬 시원해지질 않는다. 갯바위로 나가 털썩 주저앉았다. 아무도 없을 때엔 소리도 질렀다. 하늘과 맞닿은 뭉개진 수평선을 오랫동안 응시했다. 먹먹한 풍경에 먹먹한 가슴을 녹였다. 얼마 지나자 차작차작 갯바위에 부딪는 파도소리가 들려오기 시작했다. 됐다고, 그래 다 안다고. 토닥토닥 마음을 두드려준다. 찔끔 한 방울 눈물이 떨어졌다.

한반도 최남단 전남 해남의 땅끝에 있는 미황사美黃寺에 하룻밤을 의탁하기로 했다. 늦은 오후 절에 도착하니 부슬부슬 봄비가 내렸다. 사찰을 감싼 달마산 연봉은 비구름을 장막 삼아 모습을 드러냈다 가렸다를 반복하며 희롱을 해댄다.

일주문 뒤 동백의 숲이 깊었다. 절정의 꽃들이 바닥을 짙붉게 물들였다. 미황사 동백이 이리 고왔는지 미처 알지 못했다. 종무소에 들러 방을 얻었다. 고운 보살님이 대웅전 마당 옆의 깨끗한 방 하나를 내주셨다.

오후 6시, 저녁 공양시간이다. 스님들끼리 같은 상에 앉았고, 템플스테이 객은 다른 상에 자리했다. 이날 미황사를 찾은 템플스테이객은 서른한 살의 스페인 청년 요르헤 포르티요와 나 둘 뿐이었다. 스님의 공양을 방해할까봐 눈으로만 살짝 인사를 나눴다. 포르티요는 한국 음식을 좋아하는지 접시를 싹싹 비워냈다.

오후 7시가 되기 10분 전, 종이 울렸다. 곧 있을 저녁예불을 알리는 소리다. 지묵 스님의 안내로 대웅전에 들어섰다. 스님들을 따라 절을 하고 불경을 읊조린다. 따라 읽는 우리말 『반야심경般若心經』엔 이렇게 쓰여 있었다.

"무념도 없고 또한 무념이 다함까지도 없으며, 늙고 죽음도 없고 또한 늙고 죽음이 다함까지도 없다. 괴로움과 괴로움의 원인과 괴로움의 없어짐과 괴로움을 없애는 길도 없으며, 지혜도 없고 얻음도 없느니라."

붉은 동백 위로 안개가 드리운 사찰의 아침 풍경.

전남 해남군 송지면 미황사

저녁예불을 마치고 방에 돌아왔다. 어둠이 짙게 내리누른 경내엔 적막만 가득했다. 주체할 수 없는 고요와의 조우다. 무거운 침묵의 시간은 길었고, 생각도 따라 깊어졌다. 포르르 이슬비 내리는 소리가 창호지 문을 적셨다.

새벽 4시, 도량석道場釋 소리에 잠을 깼다. 사찰의 새벽을 깨우는 소리다. 아주 작게 시작해 점점 커지는 목탁소리에 잠은 가랑비에 옷 젖듯 급하게 깨지 않고 차츰차츰 말갛게 깨어난다. 스님과 보살님들이 한 분 두 분 대웅전으로 모여들었고, 비안개로 가득한 경내엔 다시 예불소리가 번졌다. 들숨과 날숨이 반복되는 일정한 리듬의 예불소리가 새벽 안개에 촉촉히 젖어 들었다.

달마산의 기암연봉 아래 다소곳이 자리하고 있는 땅끝 절 미황사.

새벽예불을 끝내고 지묵 스님을 따라 참선을 배웠다. 반가부좌를 틀고 허리를 반듯이 폈다. 가늘게 눈을 뜨고 호흡에만 신경을 곤두세웠다. 숫자를 세어가며 천천히 배꼽 밑에까지 숨을 들이 마셨다 내뱉기가 쉽지만은 않았다. 하지만 시간이 조금 지나니 호흡이 편안해졌고, 몸도 가벼워진 느낌이 들었다.

아침 공양을 마치고 경내를 산책하고 있는데 주지인 금강 스님이 부르셨다. 템플스테이 동창인 포르티요와 함께 스님 방에 들어섰다. 금강 스님은 1989년부터 당시 폐허 같았던 미황사를 지금의 반듯한 가람으로 일구신 분이다. '지게 스님'이란 별명이 붙을 정도로 손수 돌을 나르고 굴삭기를 운

전남 해남군 송지면 미황사

금강스님이 문을 열고 동백숲에서 들려오는 새소리를 듣고 있다.

금강스님(왼)과 지묵스님(가운데), 스페인에서 온 포르티요(오른)가 차담을 나누고 있다.

전해 흔적만 남아 있던 누각들을 복원해냈다.

지묵 스님은 "땅끝은 체념이자 또 다른 시작"이라고 했다. 본인도 수행의 끝을 찾아 땅끝에 왔다가 금강 스님과 인연이 되어 미황사에 남게 됐다고 했다. 금강 스님 또한 "땅끝은 다시 힘을 갖게 해주는 곳"이라며 "미황사에 오는 분들 대부분이 그런 기대감을 가지고 온다. 힘겨워하는 그들에겐 말 한마디의 위로, 반가운 미소가 큰 위안이 될 수 있다"고 했다.

인터넷 검색을 통해 미황사까지 찾아왔다는 스페인 총각에게 이곳에서의 하룻밤 중 가장 좋았던 게 뭐냐 물었더니 그는 "사일런스Silence"라고 바로 대답했다. 그리곤 "이 새소리 정말 즐겁지 않느냐"며 창호지 문을 가리켰다. 금강 스님이 문을 열어 젖히자 빨간 동백숲에서 새소리가 들려왔다. 방 안의 모두들 한참 동안 밖을 내다보며 새소리에 귀를 기울였다.

첫날　오후 해남 도착 → 땅끝 돌아보고 저녁 미황사에서 템플스테이 시작

둘째날　미황사 템플스테이, 예불과 공양 참여 후 달마산 걷기

셋째날　템플스테이 마치고 귀경

+ 가는 길

해남까지는 목포까지 서해안고속도로를 이용해 가는 것이 빠르다. 목포에서 2번 국도를 타고 강진 방면으로 가다 성전 못미처 13번 국도로 갈아타고 우회전, 해남읍까지 계속 달린 뒤, 77번 국도를 타고 남하하면 한반도 최남단 땅끝이다.

+ 음식/숙박

미황사 템플스테이는 홈페이지(www.mihwangsa.com)를 통해 예약할 수 있다. 산사체험 프로그램으로 예불과 공양, 울력만 꼭 지키면 되고 나머지 시간에는 자유스럽게 시간을 보낼 수 있다. 1박2일 프로그램의 경우 5만원, 개인 방을 원하면 8만원이다 (061.533.3521).

+ 여행 팁

미황사를 감싼 달마산은 '해남의 금강'이라 부르는 명산이다. 높이는 대단치 않지만 기암의 산세와 조망이 빼어나다. 미황사에서 바로 문바위 달마봉으로 오르는 등산로는 5월까지 통제된다. 이외 부도전이나 도솔암 등의 코스로는 오를 수 있다. 미황사에서 숲길을 따라 10분 가량 걸어가면 부도전에 이른다. 수십여 부도가 아늑한 솔숲에 들어앉았다. 이 부도전 옆으로 난 길을 따라 계속 걸으면 달마산 남쪽 기슭에 자리한 도솔암을 거쳐 땅끝까지 이른다. 예전 어부와 아낙들이 불공을 드리러 걸어오던 길이다. 금강 스님은 이 길을 천년 역사의 길이라 이름했다. 땅끝까지는 걸어 5~6시간 걸린다.

미황사 부도탑.

해남 땅끝탑.

동백, 붉다

동백은 두 번 핀다. 진초록의 잎새 위로 한번 피고, 눈물처럼 떨어져
바닥에 또 한번 피워낸다. 밑동이 붙은 다섯 장의 꽃잎이 수줍게 벌어진
가장 아름다운 그 순간 꽃봉오리는 통째로 속절없이 낙하한다.
'툭, 툭.'
누구는 동백꽃 떨어지는 처연함이 동학군의 머리가 참수당해
떨어지는 듯하다 했다. 피는 것보다 지는 모양이 아름답다는 동백.
시들고, 이지러져 인생을 무상케 하는 다른 꽃잎과 달리 동백은 떨어졌어도
곱다. 바람에 분분이 허망하게 날리지 않고 세상 아무런 미련 없이 스스로
단절하는 뒷모습은 절정의 붉은 빛만큼이나 뜨겁다.

시나브로,
갑사로 이르는 길

'춘마곡 추갑사春麻谷 秋甲寺'라 했다. 벚꽃이 아름다운 마곡사의 풍경은 봄에 절정
이고, 단풍이 고운 갑사는 가을이 제 맛이라는 말이다. 가을이 깊어지면 이 노
란 절정을 지나 갑사에 다다르게 된다. 추갑사의 감동은 이 은행나무 터널에서
시작된다

계룡저수지를 지나 계룡산을 향해 쭉 뻗은, 중장초등학교를 스치는 2km 가량의 쭉 뻗은 도로 옆은 온통 은행나무다. 주차장에 차를 대고 갑사岬寺로 오르다 문득 학창시절 교과서에서 읽은 이상보의 수필『갑사로 가는 길』이 떠올랐다. 눈 내리는 겨울, 동학사에서 거슬러 올라 남매탑의 지순한 사랑을 이야기하고 갑사로 발길을 향하던 내용으로 기억한다. 그 내용은 가물가물하지만 그 때 처음 알게 된 '시나브로'란 아름다운 우리 말이 머리 속에 깊이 각인됐던 글이다.

갑사에 도착해 사찰 주변을 둘러보는 동안 자꾸만 그 수필이 마음을 끌어 당겼다. 오래 전 꼭 한번 걸어보리라 했던 그 길이 바로 앞인데 그냥 되돌

녹음이 짙게 우거진 동학사 계곡길.

충남 공주시 계룡산 갑사

용문폭포 앞에서 가부좌를 틀고 합장하고
있는 여인.

아가기가 아쉬웠다. 언제 또 계룡을 찾을까 싶
어 내친 김에 성큼 산길로 발을 내디뎠다. 수필
과는 반대로 '갑사에서 가는 길'이었다.

갑사를 벗어난 산길은 계곡과 함께 올랐다.
숲길 위로 초록 나뭇잎 사이를 비집고 들어온
가는 햇살이 내려앉았다. 종종 이파리와 땅으
로 톡톡, 도토리 떨어지는 소리도 들려왔다. 숲
길을 걷던 중 갑자기 커지는 물소리에 빨라졌
던 발걸음은 용문폭포 앞에서 깜짝 놀라 멈춰
섰다. 힘차게 떨어지는 폭포수 보다 그 앞 바위
에 가부좌를 틀고 올라앉아 합장을 하고 있는
젊은 여인 때문이다. 계룡의 기를 받으러 온 여
인인가. 흠칫 놀란 가슴을 진정하고 도를 닦는
여인을 방해하지 않으려 살금살금 비켜 올랐

다. 시선은 자꾸 그쪽을 향했지만 가부좌를 튼 여인은 남의 시선에 아랑곳
하지 않고 수행에만 집중했다. 도 닦는 여인 때문에 용문폭포의 감상을 놓
쳐버렸다.

숲길이 갑자기 환하게 열렸다. 기암의 봉우리를 병풍 삼아 들어앉은 신
흥암이다. 절집 주변 노송들의 굵은 뒤틀림이 고혹적이다. 나한전 뒤편의 한
바위는 제주 서귀포의 외돌개처럼 불뚝 하늘로 솟았다. 계룡의 또 다른 기
가 느껴졌다. 다시 숲길로 접어든 등산로는 계속 급하게 오르더니 마침내
금잔디고개에 이르렀다. 산 능선, 헬기착륙장이 마련된 무성한 풀밭이다.
이 풀들이 가을이 깊어지면 황금색으로 젖어들기에 이런 예쁜 이름을 얻

삼불봉에서 바라본 계룡의 꿈틀거리는 능선.

었을 것이다.

동학사까지 거리는 2.4km정도다. 절반쯤 온 것 같다. 가까운 곳에 식수대가 있어 준비 없이 시작한 산행의 고통스러운 갈증을 풀 수 있었다. 이제부터는 능선길이다. 삼불봉삼거리에 도착하니 '삼불봉정상775m까지 200m'란 팻말이 붙어 있다. 바로 남매탑으로 내려갈까 삼불봉을 다녀올까 고민하는데 봉우리서 내려오던 산행객 한 분이 "안 올라가면 후회할 것"이라며 등을 떠밀었다.

가파른 철계단을 팍팍해진 허벅지를 두들기며 올랐다. 정상에 오르니 시야가 환해졌다. 계룡이 보였다. 주봉인 천황봉845m을 비롯 쌀개봉828m ·

관음봉 616m · 연천봉 740m 등 봉우리들이 가파른 능선으로 이어졌다. 관음봉와 삼불봉을 잇는 자연성릉의 암릉 줄기는 꼭 용의 등뼈를 빼닮았다. 양 옆은 천길 벼랑의 아득함이 능선의 아름다움을 배가시켰다.

계룡산을 설명하는 많은 글들이 '닭벼슬을 한 용의 모습'이란 흔해 빠진 표현을 쓰고 있다. '계룡 鷄龍'이란 조선 초 무학대사가 이 산세를 보고 '금계포란 金鷄抱卵형이요, 비룡승천 飛龍昇天형이라'해서 붙여진 이름이다. 이 멋진 풍광을 어떻게 '닭머리의 용'이라고 함부로 부르는 것을 안다면 닭과 용이 웃을지도 모를 일이다.

잠자리와 벌이 잉잉거리는 소리에 고개를 드니 푸른 하늘은 더 높이 올라가 있었다. 분명 가을하늘이었다. 몸은 땀으로 푹 젖었지만 기분이 좋다. 산행의 기쁨이 바로 이런건가 보다. 기분 좋게 땀을 흘릴 수 있다는 것. 그리 무덥지 않은, 딱 지금 같은 날씨엔 더욱 그렇다. 삼불봉 삼거리부터는 계속 내리막이다. 잘 다져진 돌계단이라 걸음은 어렵지 않다. 아래에서 불경 소리가 퍼져 올랐다.

상원암 암자 옆에 자리한 남매탑에는 전해지는 이야기가 있다. 한 수도승이 목에 뼈다귀가 걸린 호랑이를 구해줬다. 호랑이는 보은한다고 젊은 처녀를 물어다 놓고 갔다. 수도승의 불심에 감화를 받은 처녀는 떠나지 않으려 했고, 결국 둘은 의남매를 맺고 구도에만 몰두했다고 한다. 이들이 입적한 뒤 석탑 2기가 세워졌다. 지순한 사랑을 담은 석탑이다. 탑 아래에 서면

상원암 옆의 남매탑.

남매탑과 삼불봉의 절경이 한 눈에 들어온다.

남매탑에서 동학사東鶴寺까지는 1.7km이다. 내리막의 오솔길이 초록의 숲 한가운데를 지난다. 동학사 입구에서 동학사 계곡을 만났다. 지금까지의 계곡과 달리 물이 차고 넘쳤다. 아름드리 나무의 초록 그늘과 어우러진 맑은 물은 큰 소沼를 이루기도 했다. 동학사 계곡의 신록은 동학 8경에 드는 절경이라고 한다. 동학사쪽에서 산행을 시작했다면 아마도 이 계곡의 그늘을 벗어나지 못했을지도 모른다. 동학사 계곡의 아름다운 그늘의 유혹은 그처럼 쉽게 떨치기 힘들었다. 동학사 계곡에도 시나브로 말간 가을이 젖어들고 있었다.

계룡산 중턱에 자리잡은 신흥암.

계룡산의 동쪽에 있는 동학사는 724년 상원 스님이 조그만 암자를 지은 것을 그의 제자인 회의가 상원의 사리탑을 세우고 절을 지어 '상원사'라 했던 곳이다. 신라가 망한 뒤 937년 대승관 유차달이 이곳에 와서 신라의 시조와 충신 박제상의 초혼제를 지낼 때 동계사를 건축했고, 참선 승려들이 몰려들며 사찰이 커지게 된 후 '동학사'로 이름을 고쳤다고 한다. 현재는 승가대학을 중심으로 한 비구니 수행사찰이다.

계룡산의 서쪽에 있는 갑사는 백제 때인 420년 고구려에서 온 아도 승려가 창건한 유서 깊은 사찰이다. 고찰답게 경내에는 보물이 4점이 있다. 선조 2년 1569년에 새긴 월인석보 판목 보물 제582호과 통일신라 시대 당간으론 유

일한 철당간보물 제256호, 고려 때 만들어진 갑사 부도보물 제257호, 조선 선조 17
년에 만든 동종보물 제478호 등이다.

절을 창건할 당시 짐을 나르던 소가 냇물에서 기절해 죽자 소의 공을 치
하해 세웠다는 공우탑, 요사채 담장을 뚫어 만든 통로, 권세가의 별장이었
다는 사찰 바로 옆의 전통찻집 등도 함께 둘러볼 만한 곳들이다. 계곡의 물
길 위에 세워진 찻집은 구한말 윤덕영의 별장이었던 것을 1997년부터 찻집
으로 사용하고 있다.

오전 갑사 도착 → 동학사까지 산행 → 동학사 지구서 늦은 점심 후 귀경

+ 가는 길

경부고속도로를 타고 가다 천안JC에서 천안-논산고속도로 갈아타고는 정안IC나 남공주IC에서 빠져 나온다. 23번 국도를 타고 가다 계룡에서 갑사 방면 지방도를 타고 갑사 방향 표지판을 따르면 된다. 등산을 하려면 갑사나 마곡사 사찰 이용료를 내야 한다.

차를 두고 갑사에서 동학사로 산행을 해서 넘어갈 경우 동학사 입구에서 갑사까지 다니는 버스를 이용할 수 있다. 하루 7회 왕복 운행한다. 동학사에서 갑사까지 호출택시(042.825.7612)를 이용할 경우 산을 크게 둘러 가는 길이라 요금이 비싸다. 계룡산 동학사지구는 호남고속도로 유성IC에서 접근하는 게 빠르다. 신원사지구는 천안-논산고속도로 탄천IC에서 찾아가는 길이 가장 빠르다.

동학사에서 남매탑으로 오르는 돌계단 길.

+ 음식/숙박

동학사 앞에 자리한 '이시돌(042.825.8285)'은 남도정식의 명가이다. 남도음식잔치에서 수상을 했을 만큼 맛에는 일가견이 있다. 이 집의 대표 메뉴는 '남도 맛정식'이다. 들깨를 갈아 넣은 시래기국, 쑥부쟁이 들깨무침, 피마자 잎 볶음, 토란국, 고사리를 넣어 지져낸 조기매운탕 등 고향의 손맛이 한 상 가득하다.

+ 여행 팁

계룡의 계곡엔 수통골을 비롯해 동학사계곡·상신계곡·갑사계곡·신원사계곡 등이 있다. 산 자체가 돌산이라 물이 풍족하지 않지만 비 온후 며칠 동안은 제법 세찬 물줄기를 만날 수 있다. 이들 계곡 중 가장 한적한 곳은 신원사 계곡이다. 공주시와 대전시 등과 가까운 갑사나 동학사 계곡과 달리 신원사 계곡은 대도시와 멀찍이 떨어졌고 접근도 그리 좋은 편이 아니라 찾는 이들이 많지 않다. 신원사 계곡은 신령스러운 계룡산 자락 중 가장 영험한 기운이 서려 있는 곳이다. 무속인들이 유독 많이 찾는 곳이다. 계룡의 신령스러움을 대표하는 곳이 바로 신원사 경내에 있는 중악단이다. 계룡산에선 국가가 나서서 산신제를 지냈다. 신라 때는 5악 중 하나로 계룡산을 중히 여겼고, 조선 때는 북쪽의 묘향산을 상악으로 남쪽의 지리산을 하악으로 여기고, 중앙의 계룡산을 중악이라 해 단을 세우고 산신제를 모셨다. 이중 현존하는 것은 중악단 하나뿐인데 지금 신원사 경내에 자리하고 있다. /공주시 관광안내센터(041.856.7700).

내려갈 때 보았지만
올라갈 때 못 본 것들

눈 쌓인 한겨울, 내설악 백담사로 가는 길은 구도의 길이다. 순백의 백담계곡을 따라 한걸음 한걸음 신비스러운 선경 속으로 몸이 빨려 들어가는 듯하다. 그렇게 꿈속을 거닐 듯 2시간 가량 올라서 도착한 백담사, 기와마다 소담스런 흰 눈을 이고 선 절은 적막했다.

봄·여름·가을엔 산행객과 신도들로 북새통을 이루던 백담사百潭寺는 눈 쌓이는 겨울이면 오래 전전두환 전 대통령이 찾기 이전 조용하고 아늑했던 사찰로 되돌아간다. 용대리 주차장에서 백담사까지 6.5km 되는 길을 오가던 셔틀버스가 운행이 중단되기 때문이다.

경내를 한 바퀴 둘러본 후 종무소에 들러 하룻밤 묵을 수 있겠느냐 청을 하니 고운 미소의 법당 보살님이 방을 하나 내주신다. 방바닥은 뜨끈뜨끈했지만 창호지 바른 방문, 창문 탓에 웃풍이 세다. 아파트에 익숙해진 몸이 옛 구들의 기억을 더듬으며 반가워한다. 바닥에 누우면 등은 따뜻한데 코는 얼얼하다.

깊은 산속이라 해가 빨리 떨어졌다. 산그림자로 어둑해진 오후 5시, 목탁소리가 번졌다. 저녁 공양시간이다. 된장국에 김치·나물·오이지 등 소박한 찬이다. 같은 밥이라도 공양이라고 하니 그 느낌이 달라 한 수저 한 수저가 조심스럽다. 식판을 깨끗이 씻어 제자리에 놓고는 방으로 돌아왔다. 곧 이어 종소리 퍼지며 저녁예불이 시작됐다. 극락보전에서 들리는 목탁소리, 선원에서 들리는 독경소리, 처마에선 녹은 눈의 낙수 소리가 '똑, 똑, 똑' 들린다.

따듯한 구들에 누워 산사의 소리를 마냥 감상하다 깜박 잠이 들었다. 얼마나 지났을까. 캄캄한 어둠 속 시계를 보니 이제 저녁 8시40분, 산사의 시간은 깊이도 간다. 방문을 열고 어둠 속으로 나섰다. 법당에 밝힌 불빛이 창호지 문을 투과해 은은히 마당을 밝히고, 간간히 설치된 가로등 불빛이 경내 처마의 윤곽만을 드러내고 있다. 음력 초승이라 달은 그림자도 안보인다. 대신 벨벳 천 같은 윤기 나는 밤하늘은 수많은 별들로 충만했다. 어느 책에선가 히말라야의 별은 귀로 듣는다고 했는데 백담사의 겨울 별 또한 귀로 들을 만했다.

백담사 위 밤하늘에 수많은 별들이 반짝이고 있다.

다시 방에 들어가 주체할 수 없는 고요와 조우했다. 건넌방에 깃든 보살의 쿨럭이는 기침소리만이 간간이 정적을 깨울 뿐이다. 무거운 침묵의 시간은 길었고, 생각도 따라서 깊어진다. 무엇을 하려고 이 깊은 밤을 찾아 나선걸까. 나는 무엇이고, 지금 이 시간은 또한 무슨 의미일까.

오전 6시 아침 공양을 한 후 날 밝기를 기다렸다가 서둘러 짐을 챙겨 일어섰다. 이날은 동지라 모처럼 눈밭을 헤쳐가며 신도들이 몰려들 것이다. 한가로웠던 백담사의 기억에 흠집 생길라 부산해지기 전에 길을 나섰다. 산길을 따라 오세암五歲庵으로 향해봤다. 매표소에서 눈 때문에 길이 통제됐다는 이야기는 들었지만 혹시나 하고 발걸음을 옮겼다. 역시나 백담산장 앞에 닿

백담계곡 너머로 보이는 겨울의 백담사.

백담사 경내의 고은 시비.

힌 철문이 길을 가로막는다. 그 틈을 비집고 들어가기야 어렵지 않겠지만 비우러 떠난 세밑의 여행길, 이 또한 욕심이란 생각에 등을 돌렸다. 백담계곡을 따라 털털 내려오는데 절에서 나온 차량이 멈춰서며 태워주겠다 했지만 한사코 거절했다. 절 마당 한쪽에 세워진 고은의 시비가 생각났기 때문이다.

'내려갈 때 보았네 올라갈 때 못 본 그 꽃.'

| 백담사는 피안의 절 |

백담사는 피안彼岸의 절이다. 백담사로 오르는 백담계곡은 피안의 세상을 여는 아늑한 통로다. 백담사는 또한 만해萬海의 절이다. 만해 한용운과 백담사는 깊은 인연을 지니고 있다. 20세 때 처음 백담사를 찾은 만해는 25세 때 다시 백담사에 들어와 이듬해 이곳에서 출가했다. 3·1운동 후 옥고를 치른 만해는 다시 백담사 품에 들어와 시집『님의 침묵』등을 탈고했다. 만해가 있었던 백담사의 분위기는 눈 내리는 겨울이라야 제격이다. 지금의 고즈넉함과 여유로움이 당시 만해를 매료시켰을 것이다.

백담사의 '백담'은 흰 물웅덩이가 아니라 '일백 백의 물웅덩이'를 말한다. 대청봉에서 절이 있는 곳까지의 물이 잠시 머무는 담潭의 수를 세어보니 100개가 된다고 해 이름 붙여졌다고 한다.

신라 진덕여왕 1년647년에 자장율사가 창건했다는 천년 고찰 백담사는 처음에는 '한계사'라 하였던 것을 십여 차례 소실되고, 다시 지어지며 '운흥사'·'심원사'·'선구사'·'영축사' 등의 여러 이름을 거쳤다. 그리고 조선 정조 때 비

백담사 일주문 위로 눈이 떨어져 사람들의 발자국은 이내 사라져 버린다.

로소 '백담사'란 이름을 얻었다고 전해진다.

백담사 경내 한쪽에 마련된 만해기념관에서는 만해의 발자취를 찾아볼 수 있다. 만해의 『조선불교유신론』과 『불교대전』 등의 저서와 『님의 침묵』 초간본 등 100여종의 판본이 전시돼 있다.

극락보전 바로 앞에는 전두환 전 대통령과 영부인이 머물렀던 작은 방, 화엄당이 있다. 이곳은 만해 한용운이 『님의 침묵』을 탈고한 곳이기도 하다. 천하가 제 것이라 마구 호령하다 궁지에 몰려 산골 작은 절로 쫓겨온 그는 1988년부터 2년 동안 이곳에서 은둔생활을 했지만 과연 '참회'를 배웠을지는 모르겠다. 지금은 문을 열어 사람들이 전두환 대통령이 쓰던 유품과 사

백담사 경내를 거닐고 있는 스님.

진을 둘러볼 수 있게 했다.

백담사는 선원으로도 유명하다. 백담사 위로 출입통제 표지를 지나 150m 가량 오솔길을 올라가면 무금선원無今禪院의 무문관無門關이다. 화장실이 딸려 있는 2평 크기의 방 12칸의 문은 모두 바깥에서 잠겨 있다. 독방에 들어가 3개월이면 3개월, 3년이면 3년 시간을 정해 놓고 밖으로 나오지 않은 채 방 안에서만 폐문정진閉門精進하는 곳이다. 하루에 단 한번 오전 11시 작은 공양구를 통해 식사만 전해질 뿐 외부와의 소통이 단절된다. 고독과의 싸움을 이겨내야 하는 폐문정진은 눕지 않고 참선하는 장좌불와長坐不臥와 잠자지 않고 수행하는 용맹정진勇猛精進과 함께 가장 어려운 수행법의 하나로 손꼽힌다.

무문관의 반대쪽 백담사 만해당 뒤편에는 조계종의 기본 선원이 있다. 젊은 스님들이 본격적인 선수행에 들어가기 전에 공부를 하는, 일종의 '불교 사관학교'다. 젊은 스님들이 엄격한 규율 아래 교육을 받고 있다.

+ 1박2일 추천코스

첫날　오후 백담사 도착 숙박

다음날　백담사에서 나와 용대리 황태덕장 둘러보고 귀경

+ 가는 길

춘천고속도로와 44번 국도를 거쳐 강원 인제까지 달린다. 원통을 지나 한계 삼거리에서 미시령 방향으로 좌회전 한 후, 용대리에서 우회전해 들어가면 백담사 입구 주차장이다. 차는 이곳에 대고 걸어 올라가야 한다. 백담계곡을 따라 2시간 걸어야 백담사에 이른다. 백담사를 오가는 셔틀버스가 있지만 눈 쌓인 겨울엔 운행하지 않는다.

+ 음식/숙박

백담사 입구 용대리에는 사찰에서 배운 말간 순두부와 황태를 이용한 음식점들이 많다. 원조로 알려진 '백담순두부(033.462.9395)'에서는 부드럽고 고소한 순두부를 맛볼 수 있다. 용대리는 대관령과 어깨를 겨루는 황태덕장 밀집지다.

백담사에서 하룻밤 자려면 미리 연락해 두어야 한다. 백담사 사찰 종무소(033.462.6969).

+ 여행 팁

백담사는 내설악으로 오르는 길잡이다. 백담사를 거쳐 계곡을 계속 오르면 영시암이 나오고 마등령쪽으로 오르면 오세암, 수렴동대피소를 지나 구곡담으로 해서 오르면 봉정암이다. 봉정암은 해발 1,244m로 높기도 하거니와 가는 길이 험해 눈 쌓이는 겨울철엔 일반인들의 출입이 수시로 통제된다. 이곳에 있는 5층 석탑이 부처의 진신사리를 모신 불뇌보탑이다. 탑 아래로 펼쳐진 장엄한 설악능선이 장관이다.

백담사 입구의 순두부집.

용대리의 황태덕장.

맛,
달콤
쌉싸름한

여행의
즐거움

복사꽃 살점,
그 황홀한 미각
민어

안도현 시인은 '혹여 전화하지 마라 올 테면 연분홍 살을 뜨는 칼처럼 오라 바다의 무릉도원에서 딴 복사꽃을 살의 갈피마다 켜켜이 끼워둘 것이니'라고 노래했다. 복사꽃 빛깔의 민어회 한 점을 씹으며 민어떼 울음 소리에 잠들지 못한 나는 임자도의 여름이 오기만을 기다려왔다.

민어잡이 어선들이 정박해 있는 임자도 하우리포구.

목포의 '영란횟집'은 안도현 시인의 시 <민어>에 등장하는 음식점이다. 그곳에서 민어라는 물고기를 처음 만났다. 맛도 맛이지만 그 크기에 깜짝 놀랐다. 횟집 주인이 들고 들어온, 처음 본 그 놈은 1m를 훌쩍 넘었다. 죽은 놈인데도 주인은 가만히 들고 있기를 힘들어했다. 생선이라기보다 징그러운 짐승 같았다. 이 흉측한 놈들은 도대체 어디서 잡아오는 거냐고 물었더니 주인은 목포 앞바다에서 민어가 다 나지만 역시 최고는 임자도에서 나온 것이라고 했다.

임자도의 민어는 예전 궁으로 보내졌던 귀한 진상품이었다. 예전에는 삼복더위를 달랠 복달임 음식 중 그 으뜸이 민어탕이고, 다음이 도미탕, 세

민어와 대파, 염전, 새우 등이 유명한 임자도.

번 째가 보신탕이라 했다. 백성 민民자가 들어간 물고기지만 주로 양반네들 차지였고, 서민들은 구경하기도 쉽지 않았던 귀한 생선이었다. 예전 파시波市 중 가장 컸던 게 임자도 민어파시라고 한다. 일제 때 임자도 대광해수욕장 앞에 있는 타리도에서 민어파시가 열렸다. 해방 이후 민어 파시는 인근의 재원도로 옮겨가 1980년대까지 큰 성황을 이뤘다. 섬과 섬 사이를 배를 밟고 건너갈 수 있을 정도로 장관을 이뤘다고 한다. 배가 몰리면 돈이 몰리고, 그 돈을 따라 색시집 여자들이 몰려들던 풍요로 흥청대던 시절의 이야기다. 그 파시의 풍경을 이제는 임자도 가는 길목에 있는 송도수협어판장이 대신하고 있다.

임자도 주변에서 잡힌 민어들은 죄다 송도수협어판장으로 모여든다. 오전에 찾은 어판장에는 마침 민어 경매가 이뤄지고 있었다. 바닥에 얼음더미가 두껍게 깔렸고, 그 위로 축구선수 허벅지만한 민어들이 길게 늘어서 있다. 작게는 5~6kg, 큰 건 10kg도 훌쩍 넘었다.

가장 많은 민어를 볼 수 있는 송도수협어판장은 가장 싸게 민어를 살 수 있는 곳으로 임자도보다도 이곳이 싸다. 위판장 바로 옆의 공판장에선 방금 경매를 마친 민어를 일반 소비자들이 살 수 있다. 중매인들이 운영하는 가게들이 늘어서 있다. 여느 생선과 달리 민어는 암컷 보다 수컷을 더 쳐준다. 암치암민어는 알이 너무 많고 살도 푸석해 수컷에 비해 kg당 7,000~8,000원 싸다.

민어는 고기가 크다 보니 부위별로 맛도 달라 어느 하나 버릴 게 없다.

길이 12km가 넘는 대광해수욕장(위)과 한적하게 휴식을 취할 수 있는 은동해수욕장(아래).

이곳 사람들이 '풀'이라 하는 부레는 민어에서도 가장 맛있는 부위다. "홍어의 진미가 애라면 민어엔 부레가 있다"고 한다. 씹을수록 고소한 맛이 나서 단연 최고로 친다. 민어껍질은 살짝 데쳐 먹으면 쫄깃하고, 뼈도 잘게 썰어 씹어먹으면 고소한 것이 특징이다.

민어들이 뛰어 논다는 임자도는 부자섬이다. 바다엔 민어 말고도 병어와 새우가 풍부하고, 땅에선 대파·양파, 염전이 많은 돈을 긁어다 준다. 선착장에 내려 섬 반대편으로 내처 달리면 대광해수욕장이다. 우리나라에서 가장 긴 백사장으로 길이는 무려 12km에 이른다. 이 끝에서 저 끝까지 한눈에 들어오지도 않고, 걷는다면 3시간은 족히 필요한 거리다. '대광'이란 재미없는 이름은 주변 대기리와 광산리의 앞글자를 따서 붙여진 것이라 한다. 원래는 베틀을 닮았다는 한틀마을^{대기리}의 뒤쪽에 있다고 해서 '뒷불'이란 순 우리말 이름을 가지고 있었지만 일제에 의해 엉뚱한 지명으로 변질되고 말았다.

섬의 남쪽에도 아름다운 백사장이 있다. 가까이 이웃하고 있는 어머리해수욕장과 은동해수욕장이 그들이다. 찾아오는 이들이 드물어 한적하게 여유를 즐길 수 있는 해수욕장으로 특히 모래가 가늘고 부드럽다. 고개를 숙이고 자세히 보면 백사장에는 엽낭게들이 먹이를 취하고 뱉어낸 작은 모래뭉치들로 수천 수 만개의 모래구슬이 깔려 있다.

어머리해수욕장 모래톱 끝에는 용연굴이 있다. 해안 바위 사이에 세로로 길쭉하게 뚫린 굴로 물이 빠지면 굴 안으로 들어갈 수 있다. 비좁고 축축한 굴 안을

엽낭게들이 만들어 놓은 모래구슬.

따라 들어가면 반대쪽으로 눈부시게 열리는 새
로운 바다를 만나게 된다. 어머리해수욕장에서
오른쪽 임도를 타고 오르면 '숨을 은隱'자를 쓰
는 은동해수욕장이 나온다. 작은 옥섬을 거느
린 해수욕장이 한없이 아늑해 보인다.

| 임자도의 또 다른 보물, 새우젓 |

민어철 송도수협어판장의 또 다른 귀한 손님은
새우젓이다. 매주 금요일이면 새우젓을 담은 커
다란 통들이 가득 들어찬다. 1,000여 개가 넘
는 새우젓 통의 도열은 그 자체로 거대한 설치
미술이다. 이들 새우도 민어처럼 임자도 앞에서
건져 올린 것들이다. 젓갈로 유명한 광천과 강
경 등의 상인들도 대부분 이곳에서 새우젓을

어머리해수욕장 끝에 있는 바다와 바다를
잇는 용연굴.

사가지고 올라간다. 전국의 새우젓 70% 이상이 임자도 주변에서 나온다
고 한다.

임자도 북쪽 끝동네 전장포가 바로 새우잡이의 중심지다. 임자도 곳곳
에 있는 염전에서 만든 천일염과 임자도 뻘바다에서 건져 올린 통통하게 살
오른 새우가 만나 짭조름한 새우젓이 탄생된다. 음력 5월과 6월에 건져 올
린 새우로 담근 젓이 오젓과 육젓이다. 민어가 예전에 타리도나 재원도에서
파시가 열렸던 것처럼 새우젓도 1993년부터 송도어판장으로 모이기 전엔
전창포에서 큰 규모의 파시가 열렸다. 지금은 전장포 등에서 출발한 새우잡
이 배들이 임자도 앞에서 그물로 건져 올린 새우를 바로 배 위에서 염장해

경매사가 새우젓을 담은 드럼통 위를 걸어 다니며 진행되는 송도수협어판장의 새우젓 경매.

송도위판장으로 향한다.

임자도 대광해수욕장에 가면 예전에 사용했던 어선들이 전시된 걸 볼 수 있다. 그 목선들 중 하나는 '멍텅구리배'라는 우스꽝스러운 이름표를 달고 있다. 돛이나 노가 없어 자기 힘으로 움직일 수 없는 배라서 그런 이름을 얻게 됐다. 낡은 배에 얼기설기 판자를 붙여 만든 허술한 목선으로 바다 한가운데로 끌고가 닻으로 고정시켜 놓고는 그물을 치고 새우를 잡던 배다. 멍텅구리 배 안에는 4~5명의 선원이 상주했다. 이들은 한번 출항하면 2~3개월 바다에 갇힌 채 선주들이 날라다 주는 음식으로 끼니를 때우며, 하루 4번 들고 나는 물때에 맞춰 새우를 잡았다. 배 바닥의 작고 컴컴한 창고 같

임자도 전장포의 오래된 새우젓 동굴.

은 공간에서 물때와 물때 사이를 이용해 쪽잠을 자며 견뎌야 했다. 1987년 태풍 셀마가 닥쳤을 때 임자도 인근 멍텅구리배 12척이 침몰했고, 그 안에 있던 선원 52명이 사망하거나 실종됐던 가슴 아픈 사건도 있었다. 새우잡이 애환이 담긴 멍텅구리배는 10여 년 전까지 사용됐다고 한다.

지금의 전장포는 조용하고 한산하다. 당시 어판장으로 사용했던 간이 건물만이 포구 마당에 덩그러니 남아 예전 전장포 파시의 추억을 기억하고 있다. 마을 뒤편 솔개산 기슭에는 새우젓 숙성을 위해 30년 전 파놓은 길이 100m가 넘는 굴이 4개 있다. 그 중 하나 문이 열려 있어 들어가 보니 남은 드럼통이 빨갛게 녹이 슬어 썩어가고, 축축 늘어진 천장의 전깃줄이 습한 공기에 푹 젖어 있었다. 황홀했던 과거의 기억도 시간 앞에서는 무색하리만큼 처량했다.

첫날   오후 임자도 도착 → 대광해수욕장서 해수욕 후 숙박

다음날 은동 어머리 해수욕장 둘러보고 섬에서 나와 송도위판장 거쳐 귀경

+ 가는 길

차를 가지고 임자도에 가려면 서해안고속도로를 타고 가다 함평분기점에서 무안공항 방향으로 갈아타면 북무안IC에서 나온다. 77번 국도를 타고 가다 바로 만나는 24번 국도를 따라 지도읍을 지나면 임자도 가는 점암선착장이 나온다.

+ 음식/숙박

임자도에는 대광해수욕장 인근에 숙박업소들이 몰려 있다. 은동해수욕장과 어머리해수욕장에도 민박집이 있다. 한적하게 휴식을 취할 수 있는 곳들이다. 임자면 주민센터(http://imja.shinan.go.kr).

+ 여행 팁

지도읍에서 증도 방향으로 직진하면 지도와 사옥도 사이의 송도를 지난다. 송도에서 지도대교를 건너기 직전 우회전하면 송도수협어판장이다. 중매인들이 운영하는 공판장에서 민어 등 생선을 구입해 바로 옆, 회 떠주는 집에서 kg당 3,000원이면 먹기 좋은 회를 장만할 수 있다.

좌판에 늘어놓은 민어.

전장포의 새우젓 판매대.

새우젓 행렬

세상 그 뭐든, 생물이건 무생물이건 간에 하찮고 홀대 받는 것들도
나름 한 없이 아름다울 수 있는 존재들이다. 허리 구부정한 새우를 누가
예쁘다 했겠는가. 그 새우가 소금에 절여 풍기는 지독한 냄새는 또 어떤가.
찌그러진 드럼통도 마찬가지 신세일 것이다. 하지만 그 미천한 새우를 또
냄새 나게 절여 담은 못생기게 찌그러진 드럼통들을 이렇게 배열시키고,
그 위에 사람들의 땀 냄새, 시장의 활력을 넘실거리게 하니 완전히
달라졌다. 이 얼마나 아름다운 광경인가.

찬바람이 불수록
진해지는 술향

자고로 술향은 찬바람이 불어야 더욱 진해지는 법이다. 아스라한 그 향을 좇아 쿵쿵거리며 쓸쓸한 빈 들녘을 스치고 산허리를 돌아 한참을 달려갔다. 산마루 첩첩인 경북 문경에서도 더욱 외진 곳에 들어앉은 산북면 한두리 마을에 있는 한 술도가를 찾아 나선 길이다.

그곳에는 야트막한 산줄기와 넓지 않은 개울이 나란히 흐르고 있다. 그 산줄기를 등에 지고 기품 있어 보이는 고택이 서있다. 고택과 가까운 곳에 '호산춘湖山春'이란 허름한 간판이 세로로 걸려 있어 양조장을 쉽게 찾을 수 있었다. 녹슨 대문에 붙어 있는 작은 안내판엔 '술이 필요한 분은 전화 주십시오'란 글귀와 전화번호 두 개가 적혀 있었다.

색과 맛, 향이 맑고 깨끗한 전통주 호산춘.

끼이익 쇠문을 열고 들어가니 '호산춘'을 만드는 황규욱씨가 나왔다. 오똑한 콧날에 호랑이 같은 눈매며 인상이 범상치 않았다. 그는 영의정을 18년이나 했다는 방촌厖村 황희 정승의 후손이다. 방촌의 증손자인 사정공이 문경 산북에 들어와 터를 잡았고, 가문은 500년 넘게 세거해왔다. 사정공파 종택의 종손인 황씨가 빚는 술이 집안 대대로 내려온 호산춘이다. 육당六堂 최남선이 조선의 3대 명주 중 하나로 꼽았다는 술이다.

황씨의 어머니 권숙자씨가 호산춘 제조비법으로 경북도 무형문화재에 등재됐고, 황씨는 전수생 자격으로 이 술을 빚는다. 마당 한쪽에 있는 양조장은 크지 않았고, 술을 빚는 밑술통·발효통·냉각판 등 장비들도 작았다. 황씨가 혼자서 술을 빚기 위해 특별히 주문 제작한 장비들이다.

술통에는 최근 걸러낸 노르스름한 술이 들어 있었다. 한 잔 떠 주는 것을 사양 않고 한 모금 머금었다. 술은 금세 혀를 휘감는데 그 움직임이 날렵하고 상쾌했다. 천사의 옷이 흩날리는 기분이랄까. 진득하고 무거운 다른 약주들과 달리 유난히 가볍고 부드럽다. 달큼하지만 끈적거리지 않았고, 뒷

경북 문경시 호산춘 술도가

호산춘의 맥을 잇고 있는 황규욱씨가 종택의 툇마루에 앉아 있다.

맛이 깔끔했다. 노련한 풍미가 코를 간질였다. 입에서 부드럽게 넘어간 술은 2~3분 지나자 뱃속을 화하게 달궈주었다. 호산춘의 알코올 도수는 18도로 일반 약주가 15~16도인 점을 감안하면 발효주 치고는 꽤 높은 도수다. 18도는 한산 소곡주와 호산춘만 낼 수 있다고 했다.

보통의 술과 달리 술이름에 '주酒'대신 '춘春'자가 붙었다. 황씨는 "색과 맛, 향에 있어 맑고 깨끗한 술에 붙이는 존칭"이라고 했다. 같은 밥이라도 '진지', '수라'는 그 품격이 다르듯, '춘'이 붙은 술엔 남다른 존엄함이 숨어 있다. 예전에는 약산춘·벽향춘·백화춘·한산춘 등 또 다른 춘주들이 있었지만 지금은 호산춘 하나만 남았다고 한다.

호산춘은 쌀 한 되로 딱 술 한 되만 뽑을 수 있어 예전엔 소수의 상류층을 위한 술이었다. 황씨 가문에 재력이 있었기에 가주인 호산춘의 명맥을

호산춘은 쌀 한 되로 딱 술 한 되만 뽑을 수 있는 고급술이다.

이어왔을 것이다. 황씨의 고조부 때 집안이 번성하여 육촌 안에 진사가 여덟 명 있었고, 천석지기도 여덟 집안이라 '팔진사 팔천석'이란 말이 회자되기도 했다. 그래서 집안엔 손님이 끊이지 않았고, 호산춘도 끊임없이 만들어졌다. 하지만 집안이 기울기 시작했고, 황씨의 부친이 일찍 세상을 뜨면서 살림은 크게 어려워졌다. 그래도 제사를 지내야 하는 종택인지라 황씨의 모친은 힘든 가계에도 불구하고 제주인 호산춘을 계속 빚어와 지금까지 명맥을 이을 수 있었다.

호산춘은 술밥을 2차례 나누며, 밑술과 덧술의 비율은 1대 2로 담근다. 밑술은 멥쌀로 고두밥을 찌고, 덧술은 찹쌀로 백설기를 찐다. 멥쌀과 누룩을 섞은 밑술을 7~10일간 발효해 덧술을 더해선 20일을 더 기다려 술을 내린다. 말간 호산춘을 얻으려면 꼬박 한 달의 시간이 필요하다. 쌀과 누룩 외에 호산춘에 들어가는 것은 솔잎이다. 많은 솔잎을 넣은 술에선 진한 솔향이 배어난다.

황씨는 1991년 전통주 제조 면허를 획득한 전통주 1세대다. 당시 함께 면허를 딴 술들이 면천 두견주·함양 국화주·경주 법주·한산 소곡주 등이다. 황씨는 정성스레 술을 빚지만 파는 데는 영 신경을 쓰지 않는다. 그 흔한 판매장도 하나 없다. 호산춘에 대한 '황씨 고집'때문이다. 술 팔아 떼부자 될 생각 없다는 그는 술의 질을 유지할 수 있는 소량 생산만 고집한다.

양조장에 찾아오는 이들에게만 공급하지 일부러 팔러 다니지도 않는다. 미국 레이건 대통령 방한 때 호산춘이 환영 만찬주로 지정됐을 때도 청와대에 가져다 줄 수 없으니 와서 가져가라고 배짱을 부렸던 황씨다. 술이 떨어지면 한 달이고 두 달이고 문을 닫아걸기도 하고 만족스럽지 않은 술은 절대 내놓지 않는다.

뒤늦게 술 공부를 하고 있는 아들에게 황씨는 "술만 사랑해야 좋은 술이 나온다. 돈을 벌려고 하면 좋은 술 만들 수 없고 좋은 술을 유지할 수 없다"고 당부한다. 그의 고집이자 술 만드는 철학을 듣고 다시 한 잔 들이킨 호산춘에선 또 다른 깊이가 느껴졌다.

| 천년고찰 김룡사와 대승사 |

호산춘 술도가가 있는 문경시 산북면에는 천년고찰인 김룡사金龍寺와 대승사大乘寺가 있다. 대승사가 거느리고 있는 윤필암에서 묘적암으로 이어지는 낙엽길은 만추의 서정이 잘 어우러진 곳이다. 묘적암과 윤필암을 품은 사불산의 이름은 산 중턱 거대한 암반 위에 서있는 '사불四佛바위'에서 유래됐다. 이제는 거의 닳아 없어진 마애불이 4개의 면에 새겨진 바위다.

천년고찰인 김룡사(왼)와 묘적암 가는 길의 부도탑(오른).

『삼국유사三國遺事』가 기록하기를 붉은 천에 싸인 바위덩어리가 하늘에서 떨어졌고, 그 네 면에 불상이 새겨져 있었다. 신라 진평왕이 몸소 찾아와 예를 올리고 대승사를 창건했다. 윤필암은 전통 암자라기보다 펜션 같이 예쁜, 약간 현대화된 사찰이다. 관음전 앞마당을 지나 벼랑에 서있는 사불전에는 불상이 따로 없다. 커다란 유리창을 사불바위 쪽에 냈다. 창 밖 사불바위를 모신 법당으로 법당 안에 들어가 허리를 굽히면 사불암을 우러를 수 있다. 윤필암은 현재 20여명의 여승들이 수도하고 있는 비구니 참선도량이다.

윤필암에서 묘적암으로 오르는 길은 호젓하다. 주변의 숲은 깊고 나무들은 높다. 이따금 바람이라도 불면 황톳빛의 낙엽비가 쏟아져 내린다. 5분가량 오르면 오른쪽으로 돌계단이 놓여져 있고, 계단 끝에 6m 높이의 거대한 마애불이 있다. 가부좌를 튼 마애불은 눈을 지긋이 감은 채 인자한 미소를 머금고 있다.

묘적암 가는 마지막 모퉁이를 돌기 전 길가에 약수터가 보인다. 묘적암은 고려 말의 나옹선사가 출가한 곳으로 나옹선사가 이 약수를 떠서 끼얹

절로 향하는 길이 유독 아름다운 대승사와 그 길 위의 일주문.

묘적암으로 가는 길에 만나는 마애불의 미소가 은은하다.

어 멀리 해인사의 불을 껐다는 이야기가 전해져 온다. 성철, 서암 등 현대의 고승들도 깨달음을 얻고자 오랜 기간 머물렀던 곳이기도 하다.

약수터 오른쪽 산기슭에는 부도가 2개 있다. 처음 것은 기우뚱한 모습인데 뒤쪽의 것은 좀더 의젓한 모습으로 서있다. 앞에 것은 동봉선사, 뒤쪽은 나옹선사의 부도라 한다.

묘적암으로 가는 마지막 모퉁이를 올라서면 낙엽길의 하이라이트가 나온다. 두툼한 낙엽 카펫 위로, 은행나무 가지 사이로 늦은 오후의 햇살이 비스듬히 치고 들어와 오솔길을 황금빛으로 물들인다. 황홀한 가을빛 서정에 넋을 놓고 있을 때 길 아래에서 중년의 부부 한 쌍이 두런두런 대화를 나누며 길을 걸어 올라온다. 두툼한 낙엽이 사박사박 걸음에 맞춰 가을을 노래한다. 황금빛 낙엽길에 긴 그림자를 뒤로하고, 조금 더 걸으면 시골집 같이 소박한 흙담을 가진 묘적암이 나타난다.

+ 당일 추천코스

오전 호산춘 들렀다 점심식사 → 대승사, 김룡사 둘러
보기 → 해질녘 묘적암 낙엽길 걸은 후 귀경

+ 가는 길

호산춘이 있는 경북 문경시 산북까지는 중부내륙고
속도로를 이용하는 게 좋다. 점촌·함창IC에서 나와
예천 방향 34번 국도를 타고 가다 산양에서 좌회전
해 산북, 동로 쪽으로 향한다. 산북면사무소 소재지
를 지나 조금만 가면 길가에 호산춘 간판이 보인다.

+ 음식/숙박

윤필암과 묘적암이 있는 산양면 주변에 특별한 맛집
은 없다. 산양면 바로 옆은 예천군 용궁면. 이곳 용궁
시장 안에 있는 '단골식당(054.653.6126)'은 저렴
하면서도 맛있기로 소문난 곳이다. 순대국밥과 함께
석쇠로 구워내는 돼지불고기·오징어불고기·닭발구
이 등이 일품이다.

+ 여행 팁

대승사와 김룡사는 신라 진평왕 9년(587년)과 10년
에 나란히 지어졌다. 두 곳 모두 절이 자리한 터와 그
곳으로 들어가는 절길이 엄숙하리만큼 곱다.

대승사는 성철 스님이 3년 동안 눕지 않고 수행하는
장좌불와로 용맹정진의 모범을 보인 곳이자, 조계종
종정 법전 스님이 밥 한 덩어리에 김치 한 조각으로
끼니를 때우며 정진하다 깨달음을 얻은 곳이다. 대
승사는 우람한 솔숲과 어우러진 일주문에서 감탄했
다가 절 입구의 생뚱맞은 현대식 콘크리트 건물에서
낙담을 하고 만다. 기왓장으로 담을 쌓은 돌축대 위
에 대웅전이 있다.

김룡사는 대승사 건너편 운달산 자락에 자리하고 있
다. 운달조사가 창건해 처음엔 운봉사로 불려졌던 사
찰이다. 입구에 들어서면 용으로 장식된 약수터를
볼 수 있고 계단을 올라가면 험상궂은 모습의 사천
왕상이 방문객을 압도한다. 김룡사는 풍수지리상 누
운 소의 형상이라고 한다. 산의 맥을 보전하기 위해
석탑과 석불을 절 마당이 아닌 절 뒤에 두었다. 그 생
김새들이 토속적이다. 화순 운주사의 천불천탑처럼
아무렇게나 쌓고 아무렇게나 깎아놓은 듯, 못생겼지
만 그래서 더욱 정이 가는 석탑이고 석불이다.

비구니 사찰인 윤필암의 고운 정경.

경남 하동군 차밭과 황어·참게·재첩
신록의 푸르름보다
찬란한
섬진강의 봄맛

벚꽃이 사그라질 때가 되자 꽃보다 고운 신록이 피어났다. 꽃물결의 끝자락에 매달린 꽃송이와 이제 막 솟아나는 신록이 함께 어우러졌다. 그 묘한 엇갈림이란. 그 찰나의 마주침을 바라보고 있으려니 가슴이 저릿해온다. 날카로운 찰나의 사랑에 마음을 베인 듯하다.

매화와 산수유가 봄을 열었던 섬진강을 다시 찾았다. 강변의 벚꽃터널은 나뭇가지보다 바닥에 더 많은 꽃잎이 흐드러졌다. 바람이 불 때마다 비처럼 쏟아져 내리는 꽃사태에 정신이 어질하다. 저 벚꽃잎을 떨어뜨리는 건 바람만이 아닐 터, 초록의 이파리가 움트며 꽃잎을 밀어 떨어뜨린다.

강가의 수풀에도 아기초록 새순의 푸르름이 번지고 있다. 영락없는 갓난아기의 조막손 같은 연한 잎들이 빚어내는 아름다움은 꽃사태 이상이다. 멈춘 듯 정한 강물 위로 번지는 연두·담황·담록의 빛들이 파스텔톤으로 서로의 경계를 뭉개며 서로에 깃든다. 누가 초록을 소박하다 했는가. 신록의 푸름은 그 어떤 것보다 눈부시고 찬란하다.

강변엔 못다 진 벚꽃이 남았고, 함박눈이 내린 듯한 화사한 배꽃이 가득한데도 시선은 먼저 반가운 아기초록에 가 닿는다. 색색의 꽃으로 이어지던 화려한 봄의 변주의 끝에서 연둣빛 꽃송이인 찬란한 신록이 봄의 절정을 노래한다.

벚나무 버드나무에 새순이 오를 때 차나무에서도 순이 돋는다. 차 애호가들이 그토록 기다려온 때가 바로 요맘때이다. 20일 곡우를 전후해 앙증맞은 차의 새순이 퍼뜨리는 첫 차맛을 얻기 위함이다.

경남 하동은 국내의 대표적인 차 생산지다. 하동의 차 역사는 1,000여 년 전으로 거슬러 올라간다. 『삼국사기三國史記』를 보면 신라 흥덕왕 3년828년 당나라 사신으로 갔던 김대렴이 차나무 종자를 가져와 지리산 자락에 심었다고 한다. 하동군은 김대렴이 차나무를 심은 곳이 바로 하동군 화개골이라 주장한다. 지리산 꼴짜기 중 하나인 화개골은 호리병 모양으로 남쪽에서 들어온 따뜻한 공기를 오래 머물게 한다. 강수량도 풍부하고, 계곡이 품은 안개도 차에 적격이다. 자갈이 많은 풍화토 지형이라 차나무가 깊게 뿌리를

섬진강변을 장식하는 봄꽃 중 하나인 배꽃(위)과 하동 화개의 차밭에서 찻잎을 따고 있는
아낙네의 모습(아래).

가파른 벼랑에 조성된 하동 화개의 차밭. 주민들이 줄지어 찻잎을 따고 있다.

경남 하동군 차밭과 황어 · 참게 · 재첩

차는 어떻게 덖느냐에 차맛이 좌우된다.

박아 땅 속 영양분을 고르게 흡수한다고 한다.

하동의 한밭제다를 들렀다. 이곳은 하동다원 8경에 드는 아름다운 경치의 차밭이다. 보성의 차밭이 초록뱀이 열지어 기어가는 듯한 통일감을 주는 디자인이라면, 급경사의 산비탈에 제멋대로 들어선 하동의 차밭에선 비정형미를 발견할 수 있다. 커다란 바위가 여기저기 박힌 경사진 땅에 차나무가 비대칭적으로 꿈틀대며 펼쳐졌다. 차나무와 바위는 궁합이 잘맞는다. 바위는 한낮 뜨겁게 받은 열기를 품어 나무에 전달하고, 새벽엔 맺힌 이슬로 차나무에 물을 대준다고 한다. 차밭을 두른 소나무와 어우러진 풍경이 한 폭의 그림이다. 차밭도 이정도면 예술이다.

한참 차밭을 카메라에 담고 있는데 다원의 한 분이 다가와선 방금 햇차를 냈다고 귓속말로 전한다. "이게 웬 횡재인가" 주저없이 차 체험장으로 가서는 방금 우려낸 햇차 한잔을 마셨다. 입안 가득 퍼지는 향긋한 초록의 기운을 목으로 넘기고 나자 혀에는 맑은 침이 고였다.

| 악양들 청보리의 카드섹션 |

차밭이 밀집한 화개골에서 나와 섬진강을 따라 남쪽으로 10여 분 달리면 갑자기 넓어진 들판을 만난다. 대하소설 『토지』의 주무대인 악양면 평사리의 너른 들판, 악양들이다. 들판은 넓기도 하거니와 지리산 골짜기까지 깊숙이 뻗어 있다. 경지 정리가 잘 된 들판은 몬드리안의 추상을 보는 듯하다. 들판 곳곳에 배꽃이 흐드러졌지만 악양들 전체의 색감은 초록이다. 청보리밭 때문이다.

이제 종아리까지 올라온 청보리가 출렁이며 봄바람을 하늘에 그려대고 있다. 들판의 한가운데엔 악양들의 상징이 된 부부 소나무가 들판 위 허공으로 달아나려는 시선을 붙잡아 맨다.

최참판댁 옆길로 해서 산길을 올라 작은 사찰인 한산사寒山寺 앞에 섰다. 너른 악양들과 유유히 흐르는 섬진강이 한눈에 들어온다. 자로 잰 듯 경지 정리 된 80만평260만㎡ 너른 들녘이 넉넉하게 가슴에 들어온다. 악양들 전경이 눈에 익은 듯 하면서 또 생소하게 느껴지는 이유가 뭘까. 누가 그건 비닐하우스가 없어서란다. 그리고 보니 전국의 어느 논밭에서 늘 보이던 비닐하우스가 이 넓은 땅에는 신기하게도 하나도 없다.

악양들의 너른 보리밭 너머로 부부 소나무가 솟아 있다.

봄기운이란 필터가 청보리가 일렁이는 악양들의 모습을 아련하게 전해 준다. 그 필터 너머로 아련한 초록이 번진다. 봄이 번진다.

| 황어·참게·재첩 하동의 봄맛 삼총사 |

4~5월 경남 하동의 섬진강가와 쌍계사로 이르는 화개천변은 만개한 벚꽃을 만끽하러 나온 상춘객들로 인산인해를 이룬다. 흐드러진 꽃사태에 담뿍 취해 벚꽃이 피어나는 섬진강과 화개천에 몰려든 건 여행객뿐만이 아니다. 절정의 봄을 노래하는 자리를 더욱 빛내주는 귀한 손님들이 있었으니 스스로 봄의 전령을 자처하는 황어와 참게, 그리고 재첩이 그 주인공이다.

황어는 저 먼 바다를 한바퀴 돌아 고향을 찾아온 물고기다. 잉어과인 황어는 대부분의 일생을 바다에서 보내고 알을 낳기 위해 강으로 찾아든다. 연어처럼 자신이 태어난 강기슭에 알을 낳기 위함이다. 연어와 다른 건 연어는 산란한 후 강에서 생을 마치지만 황어는 다시 바다로 살아 나간다. 황어는 30~50cm 길이의 어른 팔뚝만한 크기에 날렵한 몸매를 지녔다.

섬진강을 거슬러 오른 황어가 알을 낳기 위해 찾는 곳은 섬진강 지류인 화개천의 중상류 지역이다. 화개면 법하리 약수장 유역에서 황어를 낚는 이명재 씨를 만났다. 그는 투망과 걸갱이의 두 가지 방식으로 황어를 잡는다고 한다. 걸갱이는 화개사람들만 쓴다는 전통 어구로 대나무 끝에 줄 달린 낚시바늘을 걸어놓고 물속에 가만히 넣고 있다가 옆을 스치는 황어같은 물고기를 낚아챈다.

이씨가 방금 잡은 황어를 꺼내 들었다. 꿈틀대는 황어의 몸부림이 격하다. 힘이 좋은 황어는 사람 무릎 높이 정도의 장애물쯤은 쉽게 뛰어 넘는다고 한다. 산란기 황어의 몸엔 오렌지빛 띠가 나타나 비단잉어를 연상케 한

섬진강에서 재첩을 잡고 있는 어부.

다. 이씨는 "벚꽃 구경하러 온 황어가 벚꽃이 시들며 많이 줄었지만 그래도 이달 말까지 계속 볼 수 있을 것"이라고 했다.

황어는 주로 회와 무침으로 먹는다. 화개사람들은 예전엔 황어를 주로 시래기와 함께 어탕으로 끓여 먹었다. 한 솥 푸짐히 끓여놓고 이웃들과 나누던 정감 어린 음식이다. 접시에 썰어둔 황어회는 얼핏 숭어와 비슷해 보인다. 황어회에 참기름과 쌈장, 고추 다짐 등을 묻혀 입에 넣으니 고소한 맛이 별미다. 갖은 양념으로 버무린 황어회무침도 맛나다.

섬진강의 봄맛을 책임지는 또 하나는 참게다. 하동 섬진강 참게는 바닷물과 민물이 만나는 지역에서 자라 비린 맛이 덜하다. 참게 본연의 맛 또한

경남 하동군 차밭과 황어·참게·재첩

화개천에서 잡아 올린 황어(위)와
새콤한 황어무침(아래).

강해 명품 대접을 받는다. 많이 알려진 참게 요리는 참게장과 참게탕이지만 하동에 또 다른 토속 참게 요리가 있다고 해서 찾아갔다. 바로 '참게가리가루장'이다.

참게가리장은 참게를 가루처럼 빻아 만든 게 아니라 참게와 함께 다양한 곡물 가루를 넣고 끓여내는 탕이다. 음식이 귀하던 시절 참게를 적게 넣더라도 양을 늘려 여럿이 먹기 위해 밀가루를 풀어 만들던 데서 비롯된 음식이라고 한다. 이제는 밀가루 대신 쌀가루·들깨가루·콩가루 등을 듬뿍 넣고 구수하게 끓여낸다.

하동읍 화심리 돌팀이 횟집 주인장 박명단(51)씨에게 참게가리장을 어떻게 끓이냐 묻자 "잘 다듬어 놓은 참게를 끓는 물에 넣고, 참게가 익어갈 즈음 곡물가루를 넣고 이후 감자·버섯·양파·대파 등 야채를 넣은 다음 간을 맞춘 뒤 한소끔 끓여내면 된다"고 했다. 걸쭉한 참게가리장의 맛은 어떨까. 한 수저 떠서 입에 넣었다. 곡물의 구수함에 참게 특유의 시원함이 더해져 보통의 참게탕 이상의 깊은 맛이 배어나온다. 매운 고추의 칼칼함과 방아향이 입맛을 자극해 수저질이 바빠졌다.

꽃기운과 함께 섬진강에 찾아든 건 재첩이다. 재첩은 자고로 섬진강 하구의 것을 제일로 쳐왔다. 바다와 강이 만나고 모래가 많은 데다 조수간만의 차가 커서 질 좋은 재첩이 많이 난다. 하동읍 강변에서 재첩을 잡는 분께 물어보니 올 재첩은 5월 4일부터 잡기 시작했단다. 하루 5시간 강바닥을 훑어 15~20kg 정도 건진다고 한다.

섬진강에서 걷어 올린 맨들맨들한 재첩.

　　재첩은 보통 국으로 먹지만 제철을 맞은 재첩의 싱싱함은 갖은 야채와 초장에 버무린 재첩회에서 더 많이 느낄 수 있다. 하동읍이나 섬진강변에는 재첩 맛집들이 즐비하다. 재첩을 취재하러 섬진강가를 돌아다니다 재미난 길을 만났다. 하동읍 화심리 강변 둑에는 순백의 '재첩길'이 있다. 길이는 30여m 되는 뚝방길인데, 음식점에서 삶고 버린 재첩 껍질이 그 길을 가득 덮고 있다. 벚꽃길 바닥 떨어진 꽃잎이 수놓는 것보다 더욱 화려하고 눈부신 길이다. 새하얀 재첩 껍데기들이 강물 위로 절정의 봄빛을 난반사했다.

+ 1박2일 추천코스

첫날　오후 하동 도착 → 섬진강 화개천변 꽃길 감상 후 숙박

다음날　악양평사리 보리밭, 최참판댁, 하동 차밭 둘러보고 귀경

+ 가는 길

하동 가는 길이 가까워졌다. 전주-순천을 잇는 고속도로를 타고 구례IC에서 내리면 화개나 하동읍까지 30~40분이면 갈 수 있다.

+ 음식/숙박

화개에서 은어와 재첩 요리로 유명한 '설송식당(055.883.1866)' 등에서 황어를 맛볼 수 있다. '돌팀이횟집(055.883.5523)'의 참게가리장 가격은 3만~5만원 정도다. 하동읍이나 화개 인근엔 재첩 요리를 전문으로 하는 식당이 많다.

하동엔 호텔급 숙박시설은 없다. 조용하고 쾌적한 하룻밤을 원한다면 화개천변, 쌍계사를 지나 칠불사로 가는 길의 '쉬어가는 누각(055.884.0151)'을 추천한다. 여울을 휘도는 시원한 계곡물 소리를 들으며 깊은 숲 속의 기운을 얻어갈 수 있다. 아침·저녁 식사도 가능하다.

+ 여행 팁

소설 『토지』의 배경이 됐던 악양들의 평사리는 '슬로시티'로 지정된 곳이다. 마을 안에 고택을 옮겨 복원한 최참판댁과 TV드라마 세트장이 붙어 있어 둘러볼 만하다.

섬진강 참게와 곡물가루를 넣고 함께 끓여낸 참게가리장.

보리 물결

바람을 그리는 붓은 가을 억새만이 아니다. 보리가 그려내는 바람의
그림도 억새의 붓놀림 못지 않다. 평사리 들녘이 푸르게 짙어지는 것은
청보리 때문이다. 지난 겨울 청청하게 새싹을 틔운 보리가 무릎 높이
이상으로 자라 섬진강과 지리산에서 불어오는 바람에 따라 넘실거린다.
고흐의 밀밭 그림 같은 강렬한 빛의 일렁임이 평사리의 보리밭에도 퍼지고
있다.

가을이 내려앉은
낙엽길을 밟으며
맛보는 보리밥

차창 밖으로 눈발이 날렸다. 이렇게 무심히 겨울을 맞는 걸까. 이대로 가을을
보낼 수 없다는 아쉬움에 가속기를 밟은 발에 힘이 더 들어갔다. 드넓은 순천
만 가득 만추를 붙잡고 있을 것 같은 전남 순천으로 마음이 먼저 달려갔다.

선암사仙巖寺 주차장에 도착해선 트레킹 채비를
하고 선암사를 향해 걷기 시작했다. 손이 시렵
고 귀가 차가운걸 보니 어느덧 이곳에도 겨울
이 다가오고 있었다. 길 옆을 흐르는 물소리에
서도 추위가 묻어났다. 파란 하늘을 배경으로
채 떨어지지 않는 나뭇잎 몇 장이 안타까이 가
을을 붙들고 있었다. 절로 이어진 낙엽길엔 지
난 5월에 달았을 부처님 오신 날 연등이 여전히
걸려 불빛 꺼진 연등은 대신 새카만 먼지를 뒤
집어 쓰고 있다.

승선교와 선암매가 특히 아름다운 선암사.

   교량의 아치가 아름다운 돌다리 승선교를 지나 선암사로 올랐다. 강선
대 아래의 계곡 물이 이상하리만큼 탁했다. 이윽고 도착한 선암사에서는 중
창불사의 망치소리가 들려왔다. 수년간 이 곳에 올 때마다 공사 소리가 들
리지 않은 적이 없었다. 절이 반듯해진다는 생각보다는 절이 점점 망가져
간다는 느낌에 마음이 불편했다. 돌담에 기댄 선암매의 메마른 가지가 더
욱 처량해 보였다.

   절을 빠져 나와 굴목이재로 들어섰다. 선암사 부도탑을 지나 조금 오르
니 금세 호젓한 숲길이 나왔다. 깊은 숲은 새들의 천국이다. 새들의 조잘거
리는 소리는 봄의 느낌처럼 맑고 가볍다. 선암사의 점심 공양을 알리는 징소
리를 들었는지 저들도 끼니 때가 된 것 마냥 부산스럽게 숲을 흔들어댄다.
얼마 지나지 않아 조계산 생태체험 야외 학습장이 나타났다. 원두막 대여섯
개가 먼저 반긴다. 이곳의 울울창창한 편백나무 숲의 장관은 잠시 지금의 계
절을 잊게 만든다. 초록의 그늘 속에 들어가 쭉 뻗은 나무 기둥들을 우러르

전남 순천시 조계산 굴목이재 보리밥

국내서 가장 아름다운 홍교로 손꼽히는 선암사의 승선교(위)와 굴목이재 초입의 편백나무숲(아래).

고 있으면 힘찬 심장박동이 느껴지는 듯하다. 편백의 숲을 관통하는 바람 소리를 들으며 눈을 감는다. 시원한 여름 숲에 온 것 같은 환각에 빠져들며 숨소리도 조금씩 수그러진다. 초록의 숲 내음이 그윽하다.

굴목이재 길에서 이따금씩 만나는 낙엽 순례객들은 발끝에 채는 낙엽에만 온 신경을 곤두세우곤 묵묵히 걸음을 옮긴다. 숯가마터를 지나면서 길은 계속 오르막이다. 돌계단과 낙엽이 어우러진 낙엽의 빛깔은 정갈한 구도의 빛이다.

차츰 '구도의 고갯길'도 힘에 부쳤다. 편안한 코스인 줄만 알았는데 고행이다. 모든 깨달음엔 이렇게 수고로움이 동반돼야만 하는 걸까. 심장의 울림이 절정에 달했을 때 드디어 선암굴목이재 꼭대기에 올랐다. 건너편에서 올라온 이들이 먼저 능선의 큰 바위를 점하고 있었다. "고생 끝 행복 시작입니다" 덕담을 건네주신다. 과일이나 한 조각 하고 가라 붙잡는 것을 말씀만으로도 고맙다며 정중히 사양하곤 쉬지도 않고 내리막을 내달렸다. 고개 아래에 있는 보리밥집에 한시라도 빨리 가고 싶은 마음에서다.

굴목이재의 보리밥집은 '조계산을 타는 건 이 보리밥을 먹기 위해서다'라는 말이 있을 정도로 유명하다. 동그란 쟁반에 각종 나물과 채소가 가득한 밥상이 차려졌다. 막걸리 한 잔도 주문했다. 끼니 때도 한참 지났고, 산길도 탔기에 배가 무척이나 고팠다. 하지만 손은 밥그릇 보다 막걸리 사발로 먼저 갔다.

"으아, 바로 이 맛이다" 감탄사가 절로 났다. 말갛게 흐르던 그 물소리 같

발목을 덮는 가을 낙엽.

전남 순천시 조계산 굴목이재 보리밥

선암사와 송광사 사이에 위치한 굴목이재 보리밥집은 푸성귀 찬이 풍부하다.

고, 휑한 나뭇가지 사이로 보이는 눈부시게 파란 하늘 빛 같기도 한 그 시원함은 이루 말할 수 없다. 드디어 비빔밥 한 숟갈을 크게 떠 입에 넣는다. 큰 그릇에 한데 몰아넣고 참기름에 고추장 넣고 쓱쓱 비벼 먹는다. 곰삭은 김치와 고소한 나물, 싱싱한 야채 하나하나가 맛나다. 괜스레 입꼬리가 올라간다. 이런 게 행복아닐까. 밥 상을 물리고 평상에 잠시 앉아 있는데 그새 땀이 식는다. 몸이 차가워지기 전에 걸음을 재촉했다.

햇빛이 사선으로 뉘며 낙엽 길에 생기가 돌기 시작했다. 무표정의 낙엽 카펫이 반짝거린다. 미소를 짓는 듯, 두런두런 수다를 떠는 듯 굴목이재 길이 바스락거린다.

다음 고개인 송광굴목이재는 선암굴목이재 만큼 높지 않았다. 고갯마루에서 송광사까지 이르는 2.5km 고개를 내려가니 제법 굵은 물줄기와 만났다. 계곡의 넓은 암반 위를 낙엽이 가득 덮었고, 떨어진 이파리 사이로 물줄기가 S자로 휘어져 흘렀다. 그곳에 말간 가을이 흐르고 있었다.

▌ 천년고찰 선암사와 송광사 ▌

전남 순천시의 조계산은 태고총림의 선암사와 조계총림의 송광사松廣寺를 품고 있다. 둘 다 각 종파의 으뜸 사찰이다. 동쪽 기슭의 선암사는 봄이면 청매, 홍매가 꽃망울을 맺기 시작하면서 화려한 꽃사태를 펼쳐낸다. 백제 성왕529년 때 아도화상이 지은 천년 고찰 선암사는 많은 선승을 배출했고, 산사의 고즈넉함과 고풍스러움 때문에 아직도 많은 이들이 찾는 곳이다.

선암사의 토종매화인 선암매 만큼이나 이 절에서 유명한 것은 '뒤깐'이다. 우리나라 사찰 재래식 화장실 중에서 가장 깊고, 아름다워 지방문화재로도 지정된 건물이다. 몸 속의 오물과 함께 마음의 욕심까지 버리고 가는 곳이다. 절 뒤편엔 수백 년을 이어온 야생 차밭이 있다.

대웅전 등 목조건물은 대게 조선 후기의 것이다. 조선 숙종 때 건설한 승선교와 대웅전 앞 두 개의 삼층석탑, 대각국사진영 등 보물 8점이 있다.

선암사에서 굴목이재길을 타고 가서 만나는 송광사는 법보사찰인 해인사와 불보사찰인 통도사와 함께 삼보사찰을 이루는 승보사찰이다. 보조국사 진각국사 등 16분의 국사를 배출한 대사찰이다. 송광사의 이름 높은 스님을 이야기할 때 빼놓을 수 없는 분이 지눌이다. 1190년 지눌 스님은 불교 쇄신 운동인 정혜결사 운동을 이곳 송광사에서 본격적으로 전개해 이후 자신을 포함한 16국사를 이 절에서 배출하게 하는 등 수행도량으로서

선암사에 비해 장대하고 장엄한 승보사찰인 송광사(위)와 송광사의 우화각과 능허교(아래).

송광사 불당의 처마에 산수유가 빨간 열매를 드리우고 있다.

의 기반을 닦았다.

　많은 건물들이 한국전쟁 당시 불탔지만 16국사의 영정을 모시는 국사전과 목조삼존불감, 고종제서 등 국보 3점을 포함해 32점의 문화재가 보존돼 있다. 쌀 7가마 분량의 밥 4,000인분을 담을 수 있다는 대형 밥통 '비사리구시'도 볼 만하다.

　굴목이재길 코스 중 송광굴목이재에서 샛길로 접어들면 송광사에 딸린 암자인 천자암에 이른다. 이곳엔 800년 넘은 두 그루의 곱향나무 높이 13m · 천연기념물 제88호가 자란다. 두 마리의 용이 솟구쳐 오르는 듯한 나무의 모습이 영험스럽다. 나무의 주름진 기둥에서 세월의 무게를 느낄 수 있다.

첫날 오후 순천 도착 → 순천만 일몰 보고 낙안읍
성서 민박
다음날 굴목이재 트레킹 → 조계산 보리밥집에서 식
사 후 귀경

+가는 길

서울에서 순천 선암사까지는 경부고속도로–천안논
산고속도로–호남고속도로를 타고 가다 장성JC에
서 고창담양고속도로로 갈아탄다. 다시 창평JC에서
남해고속도로를 타고 가서 승주IC에서 빠져나온다.
857번 지방도를 타고 약 8km가량 가면 선암사 주차
장이다.

+음식/숙박

'조계산보리밥집(061.754.3756)'은 보리밥과 각종
나물반찬과 된장국이 둥근 쟁반에 담아 내온다. 고
추장과 참기름을 넣고 비벼먹는 게 맛있다.
승주IC 인근 '진일식당(061.754.5320)'은 프라이
팬에 나오는 김치조림을 곁들인 백반으로 이름난 곳
이다.
선암사와 송광사 앞에 식당을 겸하는 여관이나 민박
집들이 많이 있다. 선암사와 인근한 낙안읍성에서의
하룻밤도 추천할 만하다. 전통 초가집에서 민박이
가능하다.

+여행 팁

선암사에서 송광사까지 이르는 굴목이재 길 길이는
6.7km이다. 보리밥집에서의 점심식사 등을 포함해
넉넉히 5시간은 잡아야 한다. 절을 둘러보려면 한 두
시간 더 잡아야 한다. 낙안읍성과 주암호 등을 연계
해 관광할 수도 있다. 순천의 랜드마크인 순천만도
둘러보자.
송광사에서 선암사로 다시 오려면 순천행 시내버스
를 타고 승주까지 가서 다시 선암사로 가는 시내버스
로 갈아타야 한다. 시간이 급하면 송광사 아래에 항
시 대기하고 있는 콜택시를 이용할 수도 있다. 송광
사 택시(061.755.2525).

굴목이재 보리밥집의 푸짐한 상차림.

가을 산의 보물,
산신이 빚은 별미
송이버섯

추석을 보낸 자연은 결실의 색으로 충만하다. 너른 들판의 벼들은 낟알의 무게에 못 이겨 누렇게 고개 숙였고, 사과 배 감나무의 가지들은 주렁주렁 열매를 매달고 가쁜 숨을 몰아쉰다. 단풍으로 곱게 치장하기 시작한 가을 산에도 온갖 열매와 뿌리가 여물지만 그 중 '산의 보물, 산신이 빚은 별미'로 꼽는 송이버섯을 찾아 길을 나선다.

우리가 알고 있는 대부분의 버섯은 썩은 나무에서 발아돼 기생하지만 송이
는 살아 있는 소나무 뿌리에 움을 틔우는 영물이다. 자라는 환경이 워낙 까
다로워 아직도 인공재배가 불가능한 게 송이다. 그래서 더욱 귀하고, 그래서
더욱 오묘한 맛을 내는 게 송이다.

송이를 찾아 떠난 곳은 경북 울진의 산골, 청정계곡 왕피천이 흐르는 근
남면 구산리의 산 자락이다. 아무나 쉽게 즐길 수 없는 송이를 찾아 운동화
끈 조여 매고 나뭇가지 하나 꺾어 들고는 산으로 올랐다.

길을 안내하던 울진군청 산림과 직원은 "남한 땅에 호랑이가 산다면 설
악산이나 지리산이 아닌 이곳 울진일 것"이라 했고, 송이 전문가 이종진씨
는 "지금 제철인 은어가 왕피천에 가득한 데 굵기가 고등어 만하다"며 "수
달과 산양이 자주 목격되는 첩첩산중으로 멧돼지는 '천지빼까리^{많이 널려 있다}

금강송의 고장 울산, 이곳의 실한 소나무 밑에서 송이가 자란다.

   경북 울진군 근남면 송이버섯

"라고 했다. 비포장인 임도를 따라 한참을 오르자 우리나라 최고의 목재로 치는 금강송의 군락지가 나왔다. 울진 땅의 한 복판에 위치한 금강송 구경에 마냥 빠져 있을 때 소리가 들려왔다.

"예가 송이밭이라예."

그때부터 눈에 불을 켜고 숲의 바닥을 휘둘러 보지만 송이는 하나도 눈에 띄지 않는다. 그 곳에서 송이를 캐던 마을 주민 김종호씨가 슬며시 바닥의 낙엽 뭉치를 한 줌 집어 드니 예쁜 송이가 새치름히 고개를 내민다. 송이가 햇볕을 받으면 갓이 퍼져 값어치가 떨어진다. 그래서 새끼손가락 마디만큼 송이가 올라오면 그 위를 흙이나 낙엽으로 덮어둔다고 한다. 하지만 사람이 덮어놓았던 것보다 그 옆에 숨어 있던 것이 나중에 훨씬 크게 자란다고하니 이는 아마도 송이의 예민함 때문이 아닐까 싶다.

솔숲 한 켠에 십여 송이가 모여 있는 '송이 노다지'를 감상하고는 산등성이로 조심조심 발걸음을 옮기니 황토로 바닥을 닦고 통나무 기둥에 비닐을 덧씌운 자그마한 움막이 나타났다. 마을 주민들이 송이를 캐다 잠시 쉬거나 밤새 산을 지키기 위해 지은 막사다. 이 산자락은 군유림으로 해당 주민들에게만 송이 채취권이 있어 송이 철이면 모두가 번番을 지어 산을 지켜가며 송이를 캔다.

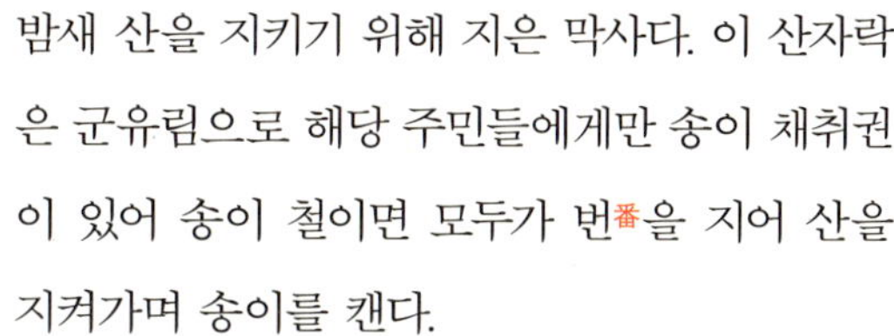

멀리서 찾아왔다며 한 분이 군불로 물을 끓여서는 조금 전 캔 송이 하나를 익혀 내왔다. 쭉쭉 손으로 뜯어놓은 송이 한 점을 들었다. 긴장감 속에 한 입 깨물자 말로만 듣던 송이 향이 확 퍼져 나온다. 쫄깃쫄깃 씹히는 맛은 연한 고기

송이철엔 산 속에 송이 움막이 차려진다.

소나무 밑에서 자라는 송이를 찾아 캘 때는 조심조심 해야 한다.

경북 울진군 근남면 송이버섯

싱싱한 송이를 썰어놓은 송이회.

같았고 진한 송이 육즙이 새어 나왔다.

"거 먹을만 하오?"

어르신이 물으셨다. 아까운 송이 향이 샐까 입도 못 벌리고 엄지 손가락만 치켜 들었다. 맛있게 먹는 모습이 보기 좋았는지 이번엔 A등급으로 잘 생긴 송이 하나를 꺼내와 생으로 썰어 내준다. '송이 회'다. 갓 딴 송이를 생으로 한 입 무니 이는 또 다른 맛이라. 솔향기까지 더해져 입안은 물론 코와 눈까지도 '싸아~' 하니 시원해지는 느낌이다. 생밤을 씹는 듯 오드득 오드득 하는 질감은 최고의 송이에서만 느낄 수 있는 즐거움이다.

울진 사람들은 "먼저 축제를 연 양양과 봉화가 송이로 더 유명하지만 실제 전국 송이는 울진에서 더 많이 나고, 맛과 향도 최고"라고 자랑한다.

| 산중의 보석보다 맛 좋은 능이버섯 |

지금이야 송이를 최고로 쳐준다지만 예로부터 맛으로 평가한 버섯의 순위는 '1능이·2표고·3송이 혹은 1능이·2송이·3표고'였다. '산중의 보석'이라는 귀한 송이보다도 더 맛 좋은 능이는 도대체 어떤 버섯일까. 송이와 표고가 2, 3위를 다툴 때도 언제나 1등의 자리를 꿰차고 있는 능이버섯의 정체가 궁금했다.

경북 울진의 북면 구수곡자연휴양림 인근의 야산을 올랐다. 응봉산 자락 상당리에 사는 이곳 토박이 진준식씨가 앞장섰다. 송이는 소나무 밑에서 자라고, 능이는 참나무 밑에서 자란다고 한다. 능이를 찾아 들어간 곳은 바

참나무 밑에서 자라는 넓적한 능이버섯.

로 그 참나무숲이다. 송이가 나는 비슷한 시기에 능이도 같이 난다.

참나무들 사이 지난해 떨어진 낙엽들을 뒤적이는데 진씨가 이게 능이버섯이라고 하나를 가리킨다. 낙엽 속에 파묻힌 버섯은 그 색이 낙엽과 같아 쉽게 눈에 들어오지 않았다. 손바닥 두 개를 펼쳐 놓은 크기의 갓이 펑퍼짐하게 퍼졌다. 송이가 뾰족한데 반해 능이는 옆으로 넓었다. 진씨의 설명으론 예전엔 송이나 능이를 그리 귀하게 여기지 않았다고 한다. 진씨는 "그냥 먹을 수 있는 버섯 중 하나로만 여겼고, 산나물을 캐듯 따 와 찬거리로 먹었던 것이 송이고 능이었다"고 했다.

1970년대 후반 송이를 유독 좋아하는 일본으로 수출길이 뚫리며 송이

  경북 울진군 근남면 송이버섯

값은 크게 올랐고 '산의 보물, 산신이 빚은 별미'란 화려한 수식어와 함께 귀한 대접을 받게 됐다. 한창 때는 A등급 1kg에 70만원 이상을 호가했다. 당시 송아지 값은 50만원이었다. 송이 한 소쿠리 캐 와서는 송아지 한 마리 끌고 가던 호시절이었다.

송이가 그런 귀한 대접을 받는 동안 능이는 관심에서 멀어졌다. 울진군에선 송이가 전량 수매돼 유통되지만 능이는 캔 이들이 찬으로 먹는 것 말고는 인근 식당 등에 알음알음으로만 판매되고 있다. 최근 그 맛과 향이 소문나기 시작해 찾는 이들이 늘었고, 일부 유통상들이 판매를 하고 있지만 아직 그 가격은 송이의 7~8분의 1에 지나지 않는다.

산에선 캔 능이를 들고 마을로 내려갔다. 진씨는 소쿠리채 아내(안이분)에게 건네며 "호박 넣고 푹 끓여 달라"고 했다. 한참 동안 버섯을 다듬은 안씨는 "송이는 벌레가 거의 없어 생으로도 잘 먹는데, 갓이 넓은 능이는 벌레가 잘 파고들어 푹 끓여 먹는 게 좋다"고 했다. 쭉쭉 찢은 버섯을 물에 잘 씻어내선 채 썬 호박과 함께 끓이기 시작했다. 재료는 달랑 2가지뿐, 간은 소금으로 맞춘다.

한참 후 안씨가 음식을 차려 냈다. 국만 나올 줄 알았는데 언제 또 준비했는지 돼지고기와 함께 요리한 능이 볶음도 같이 차려졌다. 밥상을 둘러싼 울진 토박이들은 모두 송이나 능

송이 움막에서 맛 본 송이라면(위)과
돼지고기와 함께 볶아낸 능이볶음(아래).

이나 버섯 향을 가장 진하게 느낄 수 있는 음식은 애호박과 끓인 국이 최고라고 입을 모았다.

　까맣게 우러난 국물을 한 수저 떠서 입에 넣는데 올리브 기름을 뿌려놓은 듯 혀끝이 부드럽다. 진씨는 "능이만큼 기름이 진득하게 배어나오는 버섯도 없을 것"이라고 했다. 송이보다 진한 그 향에 다들 "어제 먹은 술이 다 풀렸다"며 감탄했고, 쫄깃한 육질에 엄지손가락을 펴 들었다. 볶은 능이로도 젓가락질이 빨라졌다. 함께 볶은 돼지고기보다 능이가 더 쫄깃했다. 능이가 주가 되고, 고기는 양념으로 전락하는 성찬이다. 송이와 달리 능이 향은 눅진했다. 송이 향이 나풀거리는 실크 스카프를 닮았다면 능이 향은 부드러운 캐시미어 숄의 느낌이다.

+ 1박2일 추천코스
첫날 오후 울진 도착 → 망양정 성류굴 등 탐방 후 숙박
다음날 울진송이축제 등 통해 송이채취 체험 → 불영계곡 불영사 등 둘러보고 귀경

+ 가는 길
서울에서 울진으로 가는 방법은 2가지로 영동고속도로를 이용해 강릉에서 동해안을 따라 내려오는 방법과 중앙고속도로 풍기IC에서 빠져 36번 국도로 봉화를 지나 불영계곡을 통과해 들어오는 방법이다. 두 길 모두 예전보단 길이 반듯해지긴 했지만 여전히 서울과는 4~5시간 걸릴 정도로 멀다.

+ 음식/숙박
덕구온천 인근의 '구수곡자연휴양림(http://gusugok.uljin.go.kr)'은 솔숲과 함께 황토로 마감질한 깨끗한 통나무집 등을 갖췄다. 울진읍과 가깝고 도로에 인접해 진입이 쉽다. 봉화군과 인접한 통고산에도 '통고산자연휴양림(054.783.3167)'이 있다

+ 여행 팁
송이에는 등급이 있다. 1등품은 길이 8cm이상에 굵기가 고르고 갓이 펴지지 않는 상태, 2등품은 갓이 3분의 1 미만 펴지고 길이나 굵기가 1등품에 미치지 못한 것, 3등품은 갓이 펴지진 않았지만 길이가 짧은 생장 정지품과 갓이 활짝 핀 개산품 2종류로 나뉜다. 벌레가 먹거나 찢어진 '등외'가 가장 싸다. 매일 오후 5시 해당 지역 산림 조합에서 공판 가격이 정해지며 소매상들은 공판 가격에 10~20% 마진을 붙여 판매한다.
8월 말부터 10월 말까지 울진의 금강송 쭉쭉 뻗은 산들은 금줄을 둘러 일반인 출입이 엄격히 통제된다. 송이 도둑을 막기 위해서다. 울진군청 산림녹지과 관계자는 "송이철엔 등산로에서도 등산객은 앞만 보고 가야지 주변을 돌아봤다가는 경을 친다"고 했다. 송이가 산촌 주민들에겐 1년을 기다려 만나는 소중한 수입원이기 때문이다.

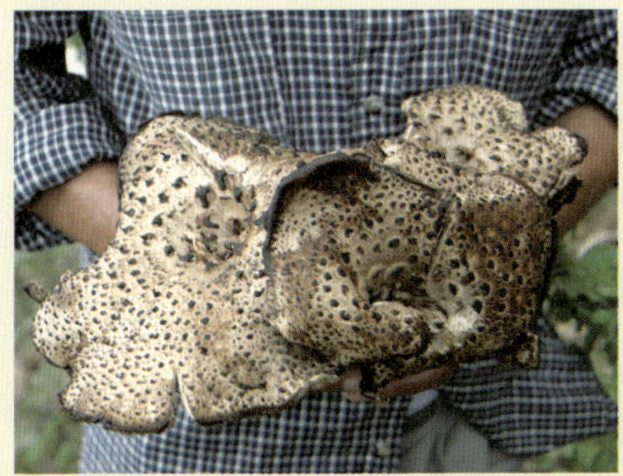
능이버섯.

송이버섯.

만만한 게
홍어 거시기? 왜?

먼바다를 한참 달려 그 섬에 이르렀다. 저 평온한 물밑에선 빙긋 웃고 있는 표정의 크고 넓적한 물고기가 꿈틀대고 있는 홍어의 섬이다. 그곳에서 고독한 밤을 보낸 뒤 먼동이 트기 전 부랴부랴 짐을 챙겼다. 흑산항의 홍어 경매를 구경하기 위해서다.

수협위판장은 어선에서 비치는 불빛으로 반짝였다. 크레인이 요란한 굉음을 내며 배에서 홍어가 가득 실린 바구니를 끌어 올렸다. "크레인 소리가 나는 걸 보니 웬만큼 잡았나 보네" 한 두 명씩 위판장으로 몰려드는 중매인들이 밝은 웃음을 지었다.

배에서 올라온 홍어는 바닥에 널부려졌고, 어부와 수협 직원들은 일일이 홍어의 상태를 확인한다. 우선 암치와 수치가 구분되고, 다음 무게에 따라 1~5등급으로 나뉜다. 또 껍질의 상처 정도에 따라 생채기가 많으면 등판을 위로 뒤집어 놓아 구분한다. 제자리를 찾은 홍어엔 바코드가 부착된다. 흑산 홍어를 보증하는 이름표다.

이렇게 1시간 여 홍어가 다 준비된 뒤 드디어 경매가 이뤄졌다. 호루라기 소리와 함께 경매가 시작됐고 위판장에는 긴장이 가득했다. 암치 1등급이 55만5,000원에 낙찰됐다. 어제 있었던 경매에선 77만5,000원이었단다. 하루 사이에 20만원이 출렁거렸다. 이날 물량이 의외로 많아서다. 모처럼의 풍족한 물량으로 바삐 손짓 눈짓을 교환하는 경매사나 중매인들의 입가엔 흡족함이 가득했다. 겨울은 본격적인 홍어철이다. 홍어는 일정 기간 금어기를 제외하곤 사철 잡히지만 예부터 겨울 홍어를 제맛으로 쳐왔다. 흑산도에서 제철 맞은 홍어를 만났다. 그리고 홍어에 대한 비밀 이야기들을 들을 수 있었다.

흑산면의 인구가 4,700여 명 된다지만 홍어잡이 배는 딱 7척만 허가 받았다. 홍어는 또 총 허용어획량TAC 제한을 받는 수산물이다. 많이 나더라도 많이 잡을 수가 없다. 한 해 배정된 물량은 170톤 가량이며, 이를 7척의 배가 나눈다. 홍어는 수협 위판장을 통해서만 거래되며 경매에 나설 수 있는 중매인들도 지정돼 있다. 흑산도의 홍어 중매인은 20명으로 이들을 통

크기와 암수를 구별한 홍어에는 흑산도 홍어를 증명하는 바코드가 붙여진다.

해 홍어가 흑산도의 다른 식당이나 육지의 홍어 소매상과 음식점, 식도락가들에게 전해진다.

흑산 홍어에 바코드가 부착된 건 작년부터다. 무게, 위판날짜, 중매인 이름 등이 기록된다. 중매인들 대부분 자신의 가게를 운영한다. 38번 중매인인 김경우씨도 그 중 한 명이다. 그는 서울과 목포 등의 유명 식당과 홍어 맛을 아는 단골들에게 홍어를 대고 있다.

흑산도에서만 맛볼 수 있는 삭히지 않은 싱싱한 홍어회와 홍어애.

육지 사람들은 홍어는 무조건 삭혀 먹어야 한다고 생각하지만 홍어의 원조인 흑산 사람들은 싱싱한 채로 먹는다. 김씨는 "싱싱한 흑산 홍어를 씹으면 달디 달다"고 했다. "삭힌 홍어가 돼지고기와 묵은지를 곁들인 삼합이 제짝이라면, 싱싱한 흑산 홍어는 홍어애홍어간와 회를 참기름장에 찍어 김치에 싸먹는 게 최고"라고 덧붙였다.

흑산도의 식당들은 싱싱한 회와 삭힌 홍어를 함께 준비하고 있다. 김씨는 "제대로 된 싱싱한 홍어회는 흑산도에서만 맛볼 수 있는데 그 맛을 모르고 무조건 삭힌 것만 찾는 외지인들이 때론 불쌍해 보이기도 한다"고 했다. 홍어 이야기만 듣고도 침이 고여 홍어 한번 먹어 보자 청을 했다. 김씨가 직접 흑산도식 홍어 한 쌈을 싸주었다. 눈을 감고 조심스레 입에 물었다. 물컹, 흑산의 바다가 한 입에 들어왔다. 찰진 바다의 싱싱함이 코끝으로 올라왔다.

경매 하기 전 제일 먼저 홍어의 암수를 구분하는 이유는 유독 암컷과 수컷의 무게 차이가 많이 나기 때문이다. 암치는 최고 15kg까지도 나가는데 수치는 7kg 넘기가 쉽지 않다. 하지만 같은 크기라도 암치가 50만원 나간다

전남 신안군 흑산도 홍어

흑산항 수협위판장에서 진행되고 있는 홍어 경매.

면 수치는 25만원 정도밖에 나가지 않는다. 암수 구별의 진짜 이유는 바로 맛의 차이 때문이다. 암치의 육질이 훨씬 부드럽다. 흑산도 문화관광해설가인 김기백씨는 "암치가 헤비급이라면 수치는 기껏해야 밴텀급 정도 될 것"이라며 "암치와 수치의 육질은 찹쌀떡과 시루떡의 질감 차이"라고 비유했다.

홍어 암치는 넓적한 몸뚱이에 꼬리 하나가 달렸고, 수치는 그 꼬리 양 옆으로 길쭉한 생식기 2개가 늘어져 있다. 같은 홍어라도 암치와 수치의 값이 다르니 홍어 잡는 어부의 눈에는 수치가 곱게 보이지 않았을 것이다. 수치의 생식기는 잡아 뜯어내기도 쉬워, 홍어를 잘 모르는 이들에게 생식기만 뽑아 암치로 속여 파는 못된 상인들도 있었다고 한다. '만만한 게 홍어 거시기'라는 말의 출발점은 암컷에 비해 모든 게 모자란 수컷의 비애 때문이었다.

삭힌 홍어는 전남 나주 영산포에서 기원한다. 뱃길의 길목으로 번성했던 포구인 영산포에 모든 산물이 집결했을 때 이야기다. 영산포까지 들어오는 여러 날의 뱃길에 다른 생선은 다 썩어 먹을 수 없는데 홍어는 푹 삭기는 했지만 먹어도 탈이 나지 않았다. 냄새는 고약하기 이를 데 없지만 그 맛에 사람들은 전염됐고, 남도의 잔칫상을 점령하는 대표 음식으로 자리를 잡았다.

싱싱한 홍어의 흑산도와 삭힌 홍어의 영산포의 인연은 그 전으로 올라간다. 고려말 공민왕 시절 왜구의 침략이 극심하자 왕은 섬을 비워 버리는 정책을 폈다. 당시 흑산도의 주민들이 강제로 이주한 곳이 바로 영산포 인근이었다. 고향을 그리던 주민들은 흑산도 바로 앞에 떠있는 그들의 상징과도 같은 영산도에서 딴 이름을 새 터전에 붙였다. 그들이 정착한 곳이 영산현이 됐고, 거슬러온 강물의 이름에도 붙었다. 그 강길 뱃길로 홍어가 오가며 흑산도과 영산포의 세대를 아우른 인연이 이어져 왔다.

| 홍어장사꾼 문순득 표류기 |

흑산도에서 유배생활을 했던 정약전 선생의 『자산어보 茲山魚譜』에는 "두 날개에는 가는 가시가 있어서 암수가 교미할 때에는 그 가시를 박고 교합한다. 낚시를 문 암컷을 수컷이 덮쳐 교합하다가 함께 잡히기도 한다. 결국 암컷은 먹이 때문에 죽고, 수컷은 간음 때문에 죽어 음淫을 탐하는 자의 본보기가 될 만하다"고 적혀 있다. 관광해설가 김씨는 "평소 조그만 수치를 무시하던 암치는 좀체 몸을 허락하지 않는데 암치가 미끼에 혹해 낚시에 걸려 옴짝달싹 못하고 있는 것을 보고 수컷이 이때다 싶어 달려들었다가 함께 잡혀버린다는 이야기"라고 보충설명을 해준다. 수컷의 수치스러움을 제대로 보여주는, 정말 만만하기 그지없는 놈이다

정약전은 흑산도에 머물며 『자산어보』 말고도 여러 책을 남겼다. 『표해록漂海錄』도 그중 하나다. 조선 후기 소흑산도로 불리는 우이도에 살던 상인 문순득에 대한 이야기다. 그는 홍어장사꾼으로 흑산도서 홍어를 사가지곤 나주 영산포로 실어 나르며 돈을 만졌다. 1801년 12월 그가 탄 배가 풍랑을 만나 표류했는데, 수일 뒤 배가 닿은 곳은 지금의 오키나와였다. 그는 이곳에서 열 달을 머물다 간신히 청나라로 가는 배를 얻어 탔는데 지지리 복도 없이 이 배 또한 풍랑을 만나 표류했다. 그리고 도착한 곳이 여송국, 지금

기암 괴석이 바다를 메우고 있는 홍도. 이 섬의 절경 밑에선 맛 좋은 홍어가 자라고 있다.

의 필리핀이었다. 그는 생전 들어보지도 못한 타국이었지만 좌절하지 않고 그들의 말을 빨리 배워 나중에는 품을 팔아 귀향할 돈을 만들었다. 그리곤 동남아를 한바퀴 돌아 청나라를 거쳐 결국 고향에 안착했다. 처음 표류해 서 다시 가족 품에 안기기 까지 무려 5년의 시간이 걸렸다.

그는 이후로도 홍어 장수로 이름을 날리며 살았다. 그맘 때 제주에 여송 국 사람들이 표류해왔는데 아무도 그들의 말을 이해할 수 없었다. 그때 문 씨가 찾아가 이들과 그들의 말로 대화를 나눠 여송국 사람들을 본국에 송 환될 수 있도록 도왔다고 한다. 홍어장수 문씨는 국내 첫 필리핀 통역사이 기도 했다. 홍어가 만들어낸 거짓말 같이 재미난 이야기들이 아닌가 싶다.

┃ 흑산의 푸르름을 걷는 흑산도 섬트레킹 ┃

흑산도는 항상 홍도와 한 묶음으로 여겨져 왔다. 때론 홍도로 가는 길목, 잠 시 머물다 가는 곳으로만 기억되기도 했다. 하지만 섬 전체가 국립공원에 지 정된 흑산도에도 홍도에 견줄 만한 아름다움이 있다. 관광에 올인하는 홍 도와 달리 흑산도는 어업중심기지로 또 다른 활력이 꿈틀대는 매력적인 섬 이다. 흑산도는 또 크고 넓다. 관광객만 북적이는 홍도와 달리 한가롭게 즐 길 수 있어 진짜 섬답다는 느낌을 받을 수 있다.

흑산도 관광은 크게 두 가지다. 해안 일주도로를 따라 섬을 한 바퀴 돌 아보거나, 유람선을 타고 영산도·대둔도·다물도 등 흑산도 주변 섬들의 비 경을 감상하는 방법이다. 여기에 하나 더 추가할 것이 있다. 바로 흑산의 산 을 오르는 것이다.

흑산도에서 제일 높은 봉우리는 문암산405m이다. 섬으로만 이뤄진 신안 군의 1,000여 개 되는 섬들 중 두 번째로 높은 봉우리로 제일 높은 신안의

흑산도 산행 때 만나는 짙은 초록의 오솔길.

섬은 가거도의 독실산639m이다.

　흑산도의 문암산 쪽은 아직 등산로가 개설되지 않았다. 일반에 개방된 구간은 예리 샘골 입구에서 칠락산272m과 반달봉220m을 지나 상라산230m으로 이어지는 코스뿐이다. 섬 주민들이 오가던 다른 산길이 있었지만 섬 전체가 국립공원으로 지정된 까닭에 공식적으로 이 구간만 일반에 열려 있다. 하지만 높이 300m도 안된다고 너무 우습게 볼 일이 아니다. 해수면에서 시작된 길이고, 때론 급경사도 만나 걸음이 그리 녹록치만은 않다. 또 바로 사방에 펼쳐진 너른 바다 풍광을 가슴에 담을 수 있어 1,000m급 고산에서 얻을 수 있는 만큼의 감동을 느낄 수 있다.

　산행의 시작점인 샘골 입구를 찾았다. 예리의 번화가에서 700m 일주도로를 따라 올라가야 만날 수 있었다. 등산로 입구에서 등산화를 고쳐 신고 계단을 오르기 시작했다. 등 뒤는 바다다. 흑산도항 뒤쪽의 바다라고 '뒷대목'이란 이름을 가진 해변이다. 등산로는 바로 숲길로 이어졌다. 길은 푸르다

흑산도 산행길 중 칠락산 정상에서 내려다 본 흑산항 전경.

못해 싱그러움이 가득해 계절을 잊을 정도다. 흑산도의 이름이 '검도록 푸른 산'에서 비롯됐다는데 산의 숲길이 그 이름값을 톡톡히 하고 있다. 상록수의 푸르름도 푸르름이지만 바닥에 깔린 키작은 풀들의 초록이 유난히 짙다. 동백잎처럼 두툼하면서 반질반질한 겨울의 초록이 이토록 생기 있을 줄이야. 육지에선 이미 서걱서걱 말라붙은 이파리마저 모두 떨어져버렸을 시기지만 흑산도의 숲에는 푸른 청춘이 여전히 팔팔했다. 계속된 오르막이지만 그리 힘들게 느껴지지 않는다. 이정표를 보니 1.26km 걸었다고 한다. 드디어 능선이 이르렀다. 초록의 숲을 벗어나니 시야는 드넓은 다도해로 넓어졌다. 사방이 바다다. 넓은 흑산항이 발아래 놓여 있었다.

칠락산 정상은 흑산항을 굽어볼 수 있는 최고의 전망대다. 위에서 내려다 본 흑산은 읍동·진리·죽항리·예리 등 큰 마을을 여러 개 품은데다, 선착장 외에도 드넓은 양식장까지 안고 있어 그 자체로도 작은 항구이다. 항구엔 쉴 새 없이 어선과 페리가 오가며 하얀 뱃길 자국을 그려 넣는다.

칠락산에서 다시 내리막길을 탄 산길은 넓닥바위재·진말잔등재 등을 지나 삼거리에 이른다. 이곳에서 오른쪽으로 난 샛길을 타면 진리의 흑산면사무소로 바로 내려갈 수 있다. 삼거리에서 계속 직진해 큰재를 지나면 기암절벽을 기어올라야 한다. 오르락 내리락 경사가 급한 이곳을 지나면 '흑산도 아가씨' 노래비가 서있는 곳으로 내려갈 수 있다. 노래비 바로 앞에 있는 봉우리가 상라산이다. 흑산도 최고의 전망대로 꼽히는 곳이다. 상라봉 바로 아래엔 12굽이 길이 꿈틀거린다. 굽이친 도

상라산 옆의 고갯마루에 선 흑산도아가씨
노래비.

로와 함께 흑산항이 한눈에 들어온다. 뒤편으론 소장도 대장도가 길게 이어진 섬자락이 바다를 가로질렀다. 그 섬들 뒤에 떠있는 홍도는 날이 좋아야 보인다. 장도 앞바다엔 양식장이 늘어서 있다. 2010년 여름 태풍 곤파스가 왔을 땐 저 양식장이 바람에 날려 통째로 산으로 올라갔다고 한다. 문화관광해설가 김기백씨는 "숲의 나뭇가지에 전복 우럭이 대롱대롱 매달렸었다"고 했다.

상라산은 흑산도의 봉화대가 있던 곳으로 비금도를 거쳐 목포의 유달산으로 이어지는 뭍과의 연락 거점이었다. 마침 해가 뉘엿뉘엿 지는 시간이라 아쉽게도 해무가 짙게 깔려 장도 건너의 홍도는 보이지 않았다. 그래도 감동적인 흑산의 일몰이다. 장쾌한 흑산의 기운마냥 저무는 태양도 장엄하게 빛을 발했다.

첫날　오전 목포 도착 → 흑산도행 여객선 탑승 →
흑산도 도착 후 일주도로 관광
다음날　홍어어판장 구경 → 섬트레킹 후 귀경

+ 가는 길

흑산도에 가는 배는 목포에서 하루 4번(오전 7시50
분, 8시, 오후 1시, 4시) 출항한다. 흑산 출발 목포
행 배는 오전 9시50분, 11시, 오후 3시30분, 4시10
분이다. 편도 2시간 가량 소요된다. 동양고속(061.
243.2111), 남해고속(061.244.9915).

+ 음식/숙박

흑산 홍어는 김경우씨(061.275.9035) 등 20명의
중매인을 통해 구입할 수 있다. 중매인들은 택배로도
보내준다. 보통 1마리씩 포장 배달된다. 흑산홍어를
보증하는 바코드는 반드시 첨부된다. 손님의 요청에
따라 통째로 보내거나, 보관하기 좋게 각만 잡아 보
내거나, 바로 젓가락을 댈 수 있게 회를 쳐 보낸다. 회
로 칠 경우엔 2만원의 수고료가 더해진다. 흑산수협
(061.246.5323)을 통해 중매인들이 운영하는 매장
의 연락처를 얻을 수 있다.
흑산도의 호텔은 '흑산비치호텔(061.246.0090)'
하나다. 예리에 영빈장, 황금모텔, 숙소타운, 삼성
장 등 많은 모텔이 있다. 흑산면사무소(061.275.
9300)

+ 여행 팁

흑산도 섬트레킹 코스는 샘골입구에서 상라산까지
는 넉넉히 4시간은 잡아야 하고, 샘골입구서 삼거리
에서 진리로 내려올 때는 2~3시간 계획하면 된다.
흑산 일주도로 관광은 버스나 택시를 이용할 수 있
다. 버스관광은 한바퀴 도는 데 1인 1만3,000원이
며 1시간40분 걸린다. 택시를 이용할 경우 4인 기준
6만원(1인 추가시 1만원씩)이며 2시간 정도 소요된
다.

상라산에서 맞은 일몰. 장도 너머로 붉은 햇덩이가
지고 있다.

사리 앞바다의 아늑한 풍경

정약전이 『자산어보』를 쓰던 마을 앞바다는 옛 사리의 아늑한 풍경을
담고 있다. 정약전은 이 아늑한 바다에서 건져 올려진 바다의 것들을
시처럼, 산문처럼 백과사전으로 엮어냈다. 흑산의 바다에서 가장 편안하게
느껴지는 풍경이다. '사리'라 이름했을 정도로 모래가 많은 바닷가였지만
방파제 공사로 모래사장이 다 사라진 아쉬움을 지닌 풍경이기도 하다.

사리 앞바다의 아늑한 풍경

장생포 바닷바람을 맞으며 맛보는 고래고기 한 점

얼마 전 울산에 있는 지인에게 연락할 일이 있었다. 그는 대뜸 수화기에 대고 "고래 한 접시 하자"며 꼭 한번 들르라고 권했다. "아 맞다, 그곳 울산은 고래의 땅이었구나" 공업도시로만 그려왔던 울산에서 갑자기 매력적인 유혹의 손짓이 느껴졌다.

울산은 고래가 새겨진 암각화 중 세계적 문화유산으로 평가 받는 반구대 암각화^{국보 제285호}와 '귀신 고래가 다니는 바다'란 뜻의 울산귀신고래회유해면^{천연기념물 제126호}이 있는 '고래의 도시'이다.

과거 우리 선조들은 동해를 '경해^{鯨海 | 고래의 바다}'라고 불렀을 정도로 우리 바다에는 고래가 많이 살았다. 실제 세계 포경사에는 18~20세기 러시아 미국·프랑스·독일·네덜란드·일본 등 열강의 포경선들이 고래기름을 얻기 위해 떼지어 동해로 몰려들어 마구잡이로 고래를 잡았다고 기록하고 있다. 우리는 해방 직후 울산 장생포를 중심으로 시작하여 전세계적으로 포경이 금지된 1986년까지 고래를 잡았다. 포경이 가능했던 시기 장생포에서는 하루 4~6마리 꼴로 고래가 해체됐다고 한다.

포경이 금지된 지 30년이 흘렀지만 울산에는 아직 고래에 얽힌 지역 정서가 짙게 남아 있다. 과거에는 유통·보관 문제 때문에 잡힌 고래의 대부분이 이 일대서 해소됐다. 낙동강변에서 재첩국 팔 듯 울산에선 골목마다 머리에 광주리를 이고 다니며 "고래고기 사이소"를 외치던 아낙들이 많았다. 돼지고기보다 싼 가격의 붉디 붉은 고래고기는 주머니 가벼운 서민들의 고마운 단백질 보충 수단이었다. 지금도 연간 수백 마리의 고래가 그물에 걸려 잡힌다. 고래가 잡히면 해경에서 검사해 작살 등을 사용한 사냥의 흔적을 살펴본 후 이상이 없을 경우에만 경매에 부칠 수 있다. 전국에서 잡히는 고래의 거의 대부분은 울산으로 향한다. 다른 곳엔 울산만한 고래 해체 기술이 없고, 이곳만한 고래고기 소비처도 없

장생포의 고래생태체험관에 볼 수 있는 돌고래.

고래박물관에 실제 크기로 전시된 귀신고래 모형.

기 때문이다.

고래는 꾀가 있고 또 가족애가 투철한 동물이라고 한다. 옛 고래사냥꾼들은 수컷을 쏘면 암컷 고래는 새끼를 끼고 천리만리 도망가는데 암컷을 쏘면 수컷은 도망가지 못하고 주변을 맴돈다고 믿었다. 그래서 고래 포수들은 암컷을 먼저 노려 2마리를 함께 잡았다고 한다.

울산의 장생포항에서 고래를 관측하러 나가는 배를 탈 기회를 얻었다. 고래를 볼 수 있다는 마음에 가슴이 설레었다. 바닷가에 몰려 있는 공장들을 스친 배는 대왕암과 울기등대를 지나 주전해변 앞바다로 나갔다. 이곳은 쇠돌고래과인 상괭이의 집단 서식지다. 비록 찰나의 순간이지만 간혹 물 위

옛 선인들의 고래잡이 모습(왼)과 울산 장생포의 고래 해체 모형(오른)이 전시된 장생포 고래박물관.

로 새까만 등을 노출하는 놈들을 볼 수 있었다.

오랫동안 기다리고 찾아다녔건만 진짜 보고 싶었던 집채 만한 고래의 거대한 몸짓이나 수십 마리 돌고래들이 펼치는 군무는 볼 수 없었다. '고래의 꿈'은 쉽게 이뤄지지 않았다. 안개 낮게 깔린 조용한 바다 저편, 조선소의 거대한 크레인이 고래등처럼 모습을 드러내고 있을 뿐이었다.

울산의 고래 역사를 한 눈에 볼 수 있는 곳은 장생포의 고래박물관이다. 2005년 문을 연 이곳은 1층 어린이체험관, 2층 포경역사관, 3층 귀신고래관과 고래해체장 복원관 등으로 꾸며져 있다.

박물관에서 가장 오래 시선을 잡아끄는 것은 따개비가 기생한 귀신고래의 모형이다. 갯바위에 앉을 따개비들이 귀신고래의 피부에 깊숙이 뿌리를 내려 기생하고, 이 따개비가 떨어지면 몸에 지워지지 않는 둥근모양의 흰 자국이 남는다.

귀신고래는 1912년 미국인 앤드루스가 동해에서 발견, 학명을 '코리안

회색 고래'라 명명했다. 세계 고래 학명에서 우리 학명이 붙은 고래는 귀신
고래뿐이다. 하지만 울산에 거대한 공장들이 들어선 1977년 이후 동해에
서는 귀신고래를 보질 못했다고 한다. 고래연구소는 이 사라진 귀신고래에
현상금 1,000만원을 걸고 그 귀환을 간절히 바라고 있다.

장생포 주민들은 지금도 고래로 흥청거렸던 시절을 기억하고 있었다. 포
경선이 고동을 울리며 귀환할 때면 온 동네 사람들이 몰려나와 축제 같은
분위기를 연출했다. 고래를 해체하다가 구경 나온 사람들에게 고기를 한 덩
이씩 던져주는 등 인심도 후했다.

예전에 비해 썰렁해졌지만 지금도 장생포를 걷다 보면 고래 향이 풍긴다.
울산의 별미 중 단연 으뜸인 고래고기를 맛보기 위해 장생포에 있는 '원조할
매집(052.261.7313)'을 찾았다. 모둠을 시키니 우네가슴살 · 오베기꼬리 · 육회 ·

수육·내장·껍질 등 다양한 고래고기가 한 접시 가득 담겨 나온다. 부위에 따라 12가지 맛이 난다는 고래고기다. 3대째 가업을 잇고 있는 이 집의 며느리 신미화씨는 "고래고기를 처음 먹는 사람은 수육과 육회가 무난하다"고 권했다. 고래 특유의 누린내가 덜하기 때문이다.

고래고기는 부위에 따라 찍어 먹는 소스가 다르다. 수육은 멸치젓갈이나 소금, 생고기는 고추장, 우네는 고추냉이를 푼 간장, 오베기는 초고추장 등과 어울린다. 상 위에는 일반 횟집에서 나오는 상추나 깻잎이 보이지 않는다. 사장인 박숙자씨가 직접 나와 "고래는 야채로 싸 먹으면 맛이 안 난다"고 설명해준다. 대신 묵은 김치나 부추김치로 싸 먹어야 더 맛있다고 찬찬히 일러준다. 박씨는 몇년 전 돌아가신 시어머니로부터 이 일을 이어받았다.

맛의 비결에 대해 박씨는 역시 고기의 신선도가 좌우한다고 설명했다. 고래가 많이 잡힐 땐 한 달에 3~4차례 경매가 이뤄지는데 그 경쟁이 치열

울산 장생포의 고래고기 전문점에서 맛보는 모둠 한 접시.

하다. 신선도 좋은 것은 어떤 값을 치르더라도 따내야 한다. 1마리 통째로 구입해와 재빨리 해체해 냉동 보관하는 것도 중요한 과정이다. 유명 고래고기집에서 취급하는 고래는 밍크고래다. 보통 '곱시기'라 불리는 돌고래는 상대하지 않는다. 돌고래는 가격이 싼 대신 냄새가 심하고, 육질이 떨어져 고래 맛을 아는 사람은 쳐다보지도 않는다.

장생포 바닷바람을 맞으며 고래고기 한 점을 입에 넣었다. 지방이 부드럽게 퍼지면서 고소한 맛이 입안에 번져간다. 풍미도 구수한 향도 고래 크기만큼이나 묵직하게 번져간다. 울산의 장생포와 남구 달동 등에 고래고기를 취급하는 음식점이 80여 곳 된다.

울산의 고래 구경은 땅에서도 할 수 있다

울산에서 또 다른 고래를 구경할 수 있는 곳은 국보 제285호로 지정된 반구대 암각화다. 태화강 지류인 대곡천 상류 깎아지른 절벽에 새겨진 그림으로 해양동물과 육상동물이 함께 그려진 선사시대의 기록 중 세계가 인정한 귀중한 암각화다.

이 암각화는 일 년 열두 달 중 8개월 가량 물속에 잠겨야 하는 신세다. 암각화가 발견된 건 1971년, 이 일대를 수몰시킨 사연댐이 조성된 지 6년 후의 일이다. 7,000년을 부서지지 않고 견뎌온 암각화가 물의 공격을 받게 된 것이다.

암각화를 보호하기 위해 여러 방안이 강구되고 있지만 해결의 실마리가 쉽게 풀리지 않고 있다. 댐을 없애는 게 가장 좋지만 울산 시민의 식수원이라 간단치 않다. 터널을 뚫어 물길을 돌리는 안도 논의됐지만 막대한 예산 때문인지 실행된다는 이야기가 들리지 않는다. 하지만 이 물 속의 암각화는 긴 가뭄 덕에 아주 가까이서 실제 모습을 바라볼 수 있게 됐다.

암각화가 있는 하천의 바닥으로 내려섰다. 좁은 물줄기를 사이에 두고 7,000년 전의 메시지를 천천히 읽어 내린다. 다른 바위에 비해 유독 붉은 빛이 진한 한 개의 바위면에 고래·호랑이·사람의 얼굴 등 많은 무늬가 새겨져 있다. 물이끼까지 껴서 가까이 다가서도 그림들이 아주 선명해 보이진 않는다.

암각화의 그림을 자세히 보기 위해선 암각화 진입로 초입에 자리한 반구대 암각화 전시관을 찾아야 한다. 전시관의 정상태 자문위원으로부터 암각화의 놀라운 가치를 전해 들었다. 이곳 암각화엔 고래와 함께 다양한 동물들이 그려져 있는데 반구대암각화를 세계적인 유적으로 만들어낸 것은 58마리의 고래 중 작살을 맞고 있는 고래 그림이다.

정씨는 "멕시코·러시아·북유럽 등지에도 고래 암각화가 발견됐지만 고래잡이를 그린 것은 전 세계에서 이것 하나뿐"이라고 했다. 곧 반구대암각화는 인류가 남긴 고래 잡이 그림의 최초이자 마지막이다. 작살 맞은 고래 위에 있는 새끼를 업고 가는 고래 그림도 눈여겨볼 만하다. 아다시피 고래는 숨을 쉬는 포유류다. 어미 고래는 갓난 아기 고래가 숨을 쉴 수 있도록 30초에 한 번씩 물 위로 쳐 올린다고 한다. 이런 광경은 지금도 배 위에서는 쉽게 관찰되지 않는 모습이다. 수중카메라로나 볼 수 있는 광경을 어떻게 보고 그려냈는지 미스터리다.

당시의 고래 관찰력이 대단했다는 것은 이뿐만이 아니다. 58개의 고래 그림 중 어느 것 하나 대충 새긴 게 없다. 흰수염고래·귀신고래·향고래 등 종류별 고래의 특징을 정밀하게 묘사하고 있다. 당시로선 첨단 중의 첨단인 '부구'란 도구를 이용해 잡은 고래를 배로 끌고 오는 모습도 그림에서

고래에 대한 선인들의 뛰어난 관찰력을 볼 수 있는 반구대암각화.

확인할 수 있다.

정씨는 "반구대 암각화 그림은 처음에 고래 그림이 그려지고 이후 다른 동물들이 그 위에 덧그려졌다"고 설명했다. 다른 그림을 그리면서도 고래 그림을 훼손하지 않은 것도 특징이다. 암각화가 그려진 곳은 높이 3m, 길이 10m 정도의 바위 면이다. 인근의 다른 바위에도 충분이 그림이 그려질 만한데 유독 이 바위에만 그려진 건, 이 바위만이 가진 신성성 때문일 것이라 추측된다.

고래를 많이 잡게 해달라거나 잡은 고래의 혼을 빌어주는 의식으로 그려졌을 고래 그림이 이 곳에 그려져야만 효험이 있다고 믿은 것은 아닐까. 신라인들이 경주의 남산에 유독 불상을 새겨 놓으려 했던 것처럼 이 바위엔 중요한 상징이 숨어 있을거라 생각해본다.

반구대암각화에서 멀지 않은 곳에 있는 천전리 각석.

　　반구대 암각화에서 산책로를 따라 한두 시간 걸으면 또 다른 암각화인 국보 제147호 천진리 각석을 만난다. 반구대 암각화가 실제를 자세히 묘사한 정밀화에 가깝다면 천전리 각석의 그림은 뜻 모를 무늬로 가득한 추상화다. 마름모·물결·동심원 등 기하학적 문양이 바위를 빼곡하게 채우고 있다. 그림이 새겨진 평평한 바위 면은 묘하게도 15도 각도 기울어져 비바람을 피할 수 있다. 각석 아래 부분엔 신라 법흥왕 때 새겨진 명문銘文이 있다. 당시 화랑들의 이름이나 직위가 적혀 있어 신라사 연구의 중요 자료로 인정받고 있다. 천전리 각석은 주변의 빼어난 풍경을 찾아 신라 왕족의 나들이 장소로 애용됐던 곳으로 추정된다. 각석 앞 물을 건너면 큰 걸음을 걷던 공룡의 발자국을 볼 수 있다.

+ 1박2일 추천코스

첫날 KTX 울산역 도착 → 장생포 이동 → 고래박물관 고래해상투어 후 고래고기 시식

다음날 반구대암각화, 천전리각석 등 탐방 후 귀경

+ 가는 길

새마을호로 5시간20분 걸렸던 울산이 KTX개통으로 2시간11분으로 바짝 가까워졌다. 단 언양에 붙어 있는 울산역에서는 20~30분 달려야 울산 시내에 들어선다.

태화강변에 위치한 울창한 십리대숲.

+ 음식/숙박

울산역 인근의 언양은 불고기로 유명한 곳이다. 언양에만 40곳의 불고기 전문 식당이 있다. 이 중 25년 전통의 '언양기와집불고기(052.264.4884)'을 추천한다. 참숯 석쇠에 구워낸 잘 양념된 한우 암소 불고기를 언양미나리와 된장소스의 아삭이고추를 곁들여 함께 싸먹는다. 참숯의 향과 미나리의 향이 절묘하게 더해져 입 안을 황홀하게 한다.

울산 시민들이 시내에서 자주 찾는 집은 4대째 운영하고 있는 비빔밥전문점 '함양집(052.275.6947)'이다. 80년을 이어온 손맛과 정성을 맛볼 수 있다. 놋그릇에 정갈하게 담겨온 비빔밥은 혀에 부드럽게 감기는 맛이 일품이다. 남구 신정3동에 있다.

고래고기는 부위에 따라 맛이 달라 보통 고래고기의 맛은 12가지라고 한다. 육질은 생선회처럼 부드럽지만 맛은 쇠고기와 비슷하다. 울산의 별미 중 단연 으뜸인 고래고기를 맛보고 싶다면 장생포에 있는 '원조할매집(052.261.7313)'을 권한다. 모둠을 시키면 가슴살·꼬리·육회·수육·내장·껍질 등 다양한 고래고기가 한 접시 가득 담겨 나온다. 4인 한 접시 10만원.

+ 여행 팁

울산 시내를 가로지르는 태화강은 한강·낙동강만큼이나 이름이 알려진 강이다. 1980~90년대 오염에 찌들어 죽음의 강이란 오명을 안고 살았지만 이후 강을 살리자는 온 시민의 노력으로 태화강은 기적적으로 다시 태어났다. 이젠 연어 은어가 돌아오는 1, 2급수의 깨끗한 강이 됐다.

강변엔 십리대숲이 조성돼 있다. 강을 정화하는 과정에 만들어진 숲이 아니라 일제 때 강의 범람을 막고자 조성된, 꽤 긴 시간이 농축된 숲이다. 이 대숲에서 측정한 음이온이 신불산 숲에서 잰 수치보다 높게 나왔다고 한다. 시민들은 가까운 십리대숲을 찾아 머리를 맑게 해주는 음이온을 흠뻑 쐬며 산책을 즐긴다.

풍경,
아련하게
남은

사진 한 장

걸음걸음,
천년 신라의
미소를 품는다

'사사성장 탑탑안행寺寺星張 塔塔雁行'이라. 절은 하늘의 별만큼 많고 탑은 기러기들
이 줄지어 서있는 것 같다. 경주 남산을 일컫는 말이다. 경주 남산을 보지 않고
경주를 다녀왔다는 말을 하지 말라고 한다. 1,000년의 신라를 품었고 지금껏
그 신라가 살아 숨쉬는 산이다.

경주 남산은 신라 서라벌徐羅伐의 진산이다. 산세는 금오봉468m과 고위봉 496m을 중심으로 타원형으로 생겼다. 500m도 채 안 되는 높이지만 그곳 엔 끝을 알 수 없는 심연의 역사가 담겨 있다. 신라의 시조 박혁거세가 나 온 알이 있었던 남산의 나정蘿井에서 신라의 역사는 시작됐고, 남산의 그늘 드리운 포석정鮑石亭에서 신라는 비참한 종말을 맞았다. 신라의 처음과 끝이 남산과 함께했다.

남산의 웬만한 바위는 불상 아니면 탑이다. 순정한 믿음 하나로 단단한 화강암을 쪼아낸 신라인들이 바위에 부처를 새긴 게 아니라 바위에서 부처 를 끄집어낸 것이라 한다. 자연과 역사의 황홀한 하모니를 보여주는 남산은 전체가 보물이고, 그 전체가 천년 신라의 역사다.

남산 산행객 중 가장 많은 이들이 찾는 곳은 삼릉골이다. 화강암 바위가 제일 많이 드러나 있는 골짜기답게 가장 많은 마애불, 석불 들이 몰려 있는 곳이다. 주말이면 답사 여행을 즐기는 가족들로 인산인해를 이룬다. 경주시 신라문화원에 한적하면서도 빼어난 유적을 만날 수 있는 남산 코스를 의뢰 했더니 칠불암-용장사지 코스를 일러줬다. 고맙게도 신라문화원의 문화해 설사가 직접 안내까지 맡아주셨다.

염불사지에 차를 대고 걷기 시작했다. 금세 소나무 우거진 산길로 접어 들었다. 이곳 봉화골은 진달래가 유난히 곱다는 골짜기다. 길섶에 스치는 진 달래 가지에선 꽃순이 막 올라와 곧 붉은 봄을 터뜨릴 기세다. 해설사는 중 간에 천동탑을 다녀오자고 했다. 천동골과 승소골을 번갈아 타며 오르자 천불을 기원해 만든 구멍 숭숭 뚫린 2개의 탑이 나타났다. 하나는 바닥에 동강 난 채 나뒹굴었고, 다른 하나는 여전히 대지에 뿌리를 박고 의연하게 서있었다. 바위엔 주먹만한 구멍들이 빼곡하게 두르고 있는데 그 구멍 하나

감실이 빼곡하게 새겨진 천동골의 천동탑. 주먹만한 구멍들은 부처를 모시는 공간이다.

하나가 부처를 모신 작은 감실龕室이다. 그 안에 작은 부처 상들을 모셨는지, 아니면 그곳에 계실 거라며 마음 속의 부처를 모셨는지 알 수 없다. 남산의 많은 탑들 중 감실로 이뤄진 탑은 이곳뿐이다.

천동탑을 보고 다시 봉화골로 내려와 칠불암으로 향했다. 시원한 약수터가 나타났다. 신라의 정수를 받은 물인지 물맛이 시원했다. 약수터 위로는 신우대가 짙게 우거진 숲이다. 돌계단을 올라 신우대 숲을 벗어나자 마자 칠불암이 나타났다. 마애삼존불에 사불암이 더해져 불상 일곱을 모신 곳이다. 마애삼존불 앞에 네모난 바위가 있고, 그 바위 각 면에 불상이 새겨져 있다. 남산의 눈부신 바위 절벽과 어우러져 웅장함을 느끼게 하는 경주 남산 칠불암 마애불상군은 2009년 보물 제 200호에서 국보 제312호로 승격된 유적이다. 삼존불로도 완벽했을 텐데 사불암을 왜 또 놓았을까. 삼존불 가운데의 석가모니불은 사불암 너머 동쪽을 지긋이 응시하고 있다.

칠불암을 돌아 절벽으로 난 길을 올랐다. 낭떠러지 위 좁은 바위 난간을 돌아가 만난 신선암마애불은 남산에서 가장 잘생긴 '얼짱' 불상이다. 보관을 쓰고 화려한 옷을 걸친 것을 보니 부처가 아닌 보살상이다. 구름 좌대에 올라앉은 보살은 편하게 다리를 푼 채 한없이 평온한 표정을 짓고 있다. 마애불 앞에 서서 불상의 눈높이로 시선을 따라 했다. 남산의 골골이 사선을 치며 겹쳐졌고, 그 옆을 두른 기암의 병풍 너머로 드넓은 경주의 들이 펼쳐졌다.

신선암마애불을 뒤로 하고 능선을 올라 이영재를 지나 남산을 가로지르는 임도를 올라탔다. 통일전과 포석정을 잇는 길이란다. 그 길가에서 삼화령 연화대蓮花臺를 만났다. 불상은 간데없고 불상이 앉아 있던 터만 덩그러니 남았다. 연화대는 지름만 2.2m로 석굴암 석가모니불만한 불상이 올라섰을 크기다. 빈 연화대에 올라서자 남산의 제일 큰 봉우리인 고위봉이 눈

보물에서 국보로 승격된 칠불암 마애불(위)과 편안한 자세로 세상을 굽어보는 신선암마애불 (아래).

경북 경주시 남산 칠불암-용장사지 구간

앞이다. 내려오는 주변 산자락의 먼 들판과 어우러진 평화로운 풍경은 어디선가 본 듯 했다. 신선암마애불의 시선이 딱 이랬다.

한굽이 산허리를 돌아 용장골로 접어들었다. 김시습이 은둔하며 『금오신화』를 썼다던 용장사가 있던 곳이다. 바위를 타고 내려가는 길에 갑자기 4.5m 높이의 삼층석탑이 나타났다. 동행한 심씨는 한국에서 가장 높은 탑이라 했다. 3층으로 된 탑신은 1단으로 된 기단 위에 올라서 있다. 보통 석탑의 기단은 2단으로 돼있는 데 나머지 단 하나가 생략된 것이다. 주변에 널린 게 바위이니 석재가 부족했을 리 없을텐데. 심씨는 이 탑의 1층 기단은 이 탑을 떠받친 산 전체라고 했다. 탑의 키를 잴 때에는 400m 높이의 기단

둥근 돌을 좌대로 삼은 용장사지 삼륜대좌불, 배리삼존불 근처에 위치한 망월사 연못 한가운데 서있는 연화탑, 립스틱을 칠한 듯 입술이 붉은 삼릉골 초입의 마애관음보살(왼쪽부터).

이 더해져야 한다는 것이다.

절터는 탑 아래에 있다. 탑 바로 밑에는 마애불과 삼륜대좌불이 있다. 이 중 삼륜대좌불의 모습이 특이하다. 원반 같은 받침을 3개 층으로 쌓고 그 위에 부처가 올라앉았다. 비행접시를 탄 부처의 모습 같다.『삼국유사』는 신라 때 덕이 많은 대현스님이 염불하면서 돌면 이 부처 또한 함께 돌았다고 기록하고 있다.

용장사 터엔 신우대 숲만 남았다. 절터에서 고개를 들면 용장사탑이 기도하기 좋게 올려다 보인다. 남산에서 가장 깊고 길다는 용장골 계곡을 따라 내려왔다. 설잠교를 건너 너른 반석에 섰다. 용장사지 삼층석탑을 마지막으로 볼 수 있는 위치다. 합장을 하고 마지막 인사를 건넸다. 졸졸 흐르는 물이 목탁 소리를 대신했다. 용장골을 다 내려오니 마을 입구의 매화 한 그루에선 하얀 꽃송이가 활짝 피어 올랐다.

배리삼존불.

칠불암.

월출산
억새밭에서 바라본
미왕재의
화려한 가을

컴컴한 새벽 길을 나섰다. 전남 영암 월출산의 미왕재에서 일출을 맞겠다는 욕
심에서다. 처음부터 새벽 산행을 계획했던 건 아니다. 문득 신새벽에 눈이 떠진
건 도갑사의 새벽예불을 알리는 사물소리 때문이었다. 잠자는 영혼을 일깨우
는 각성의 소리에 정신이 깨어났다.

이불 속에 파묻혀 이리저리 뒤척거리며 잠을 청했지만 쉬 눈을 감지 못했다. 그러다 벌떡 일어나 짐을 챙겼다. 소지품을 뒤적였는데 만날 가지고 다니던 랜턴이 보이질 않는다. 어디다 빼놓은 걸까. 가다 보면 여명이 밝아오겠지 하는 기대와 지난 밤 월출산 자락에 걸려 있던 보름달을 믿고 길을 나섰다.

월출산장을 나오자 바로 사찰 입구다. 새벽예불이 지난 사찰은 적막했고, 어두웠다. 경내를 지나야 산길에 접어들 수 있었다. 컴컴한 산행길 무사를 기원하며 빈 대웅전에 대고 머리를 조아렸다. 산길은 생각보다 어두웠다. 겨우 휴대폰 액정의 빛에 의지해 걸음을 옮겼다. 불안했지만 발끝 손끝의 촉觸을 최대한 끌어내야 했다. 긴장된 걸음에 오감이 살아나는 느낌이다.

혼자 걷는 컴컴한 길. 솔직히 무섭기도 했다. 그저 곧 시간이 흘러 태양이 비출 것이란 믿음으로 어둠을 버텨보기로 했다. 혹시나 멧돼지 등 산짐승이 걱정도 됐지만, 그놈들도 컴컴한 산길 휴대폰 꺼내 들고 올라오는 괴상한 사람을 더 으스스하게 느끼지 않겠는가. 다리가 묵직해지고 등이 땀으로 축축해졌지만 걸음을 멈추지 못했다. 힘들어도 그냥 전진하는 게 마음 편했다. 가만히 앉아 컴컴한 어둠에 포위되는 건 더 못 견딜 일이었다.

한 시간 가량 올랐을 때 정말 오지 않을 것만 같았던 여명이 밝아오기 시작했다. 이제부턴 휴대폰 액정을 켜지 않아도 됐다. 시간은 역시 거짓말을 하지 않았다. 600m 남았다는 이정표부터 미왕재까지 경사가 조금 높아졌다. 태양이 지평선을 박차고 나오기 직전 마침내 미왕재 정상에 섰다. 새벽 산행의 수고로움을 억새밭 한가운데에 떨쳐 버렸다. 미왕재의 억새는 그리 넓지 않았다. 원래 숲

월출산 기암 능선이 여명을 받아 자태를 드러내고 있다.

미왕재는 억새와 월출산 기암을 함께 느낄 수 있는 곳이다.

이었던 곳인데 오래 전 산불이 났고, 그 터에 지금의 억새가 군락을 이뤘다. 그저 능선 한귀퉁이만 차지하고 있는 억새밭이다. 너른 억새밭으로 유명한 장흥 천관산·포천 명성산·정선 민둥산 등에 비하면 그 규모는 초라할 지도 모른다. 하지만 미왕재의 억새가 그리고 있는 풍경은 그 어느 억새밭보다 화려하고 스케일도 크다.

억새는 단풍보다 먼저 피어 단풍이 다 질 때까지 가을을 노래한다. 하늘하늘 흔들리는 억새꽃은 창공에 대고 가을을 그려내는 붓과 같다. 미왕재 억새가 바로 옆 월출산의 구정봉·천황봉을 그려낼 땐 그 붓놀림은 묵직하면서도 섬세했다. 눈 아래 강진군의 성전 들판을 그릴

미왕재 억새 너머로 강진의 성전 들판이 펼쳐진다.

때는 고흐의 밀밭을 흉내 내듯 부드러우면서도 풍성한 질감을 담아냈고, 월출산 기암 사이 점점이 물들기 시작한 단풍을 찍어낼 때는 경쾌해진 붓놀림이 스타카토의 변주를 펼친다. 그리고 해남과 목포로 이어지는 먼 산의 산너울을 그려내는 수묵 농담의 기교란.

마침내 월출산 천황봉 옆으로 햇덩이가 떠올랐다. 억새밭은 또 온전히 태양의 빛으로만 팔레트를 채워갔다. 억새가 그려낸 일출, 붉은 태양빛을 듬뿍 찍어 올린 붓 그 자체에서 황금빛이 발광을 시작했다. 태양을 그리고, 월출산의 기암과 단풍, 풍요로운 호남의 들판을 그려낸 미왕재 억새가 마지막으로 구름 낀 숭늉빛 하늘에 가을 바람을 그려낸다. 그렇게 가을의 화폭을 완성했다.

전남 영암군 월출산 미왕재

첫날　오후 영암 도착 → 도갑사 구림마을 둘러보고 숙박

다음날　새벽 도갑사 코스로 산행 → 미왕재 일출 보고 천황봉 통해 월출산 일주 후 귀경

+ 가는 길

호남고속도로 서광주 톨게이트를 나와 산월IC로 빠져 외곽도로를 탄다. 13번 국도를 타고 나주-영암 방면으로 가면 된다. 월출산 미왕재로 오르기 위해서는 도갑사를 거쳐야 한다. 법당 뒤 미륵전으로 가는 길이 미왕재를 오르는 등산로다. 도갑사에서 미왕재까지는 1시간 20분 정도 걸린다. 미왕재에서 구정봉·천황봉을 넘어 구름다리가 있는 천황사로 내려갈 수 있다. 미왕재에서 구정봉까지는 약 1시간 30분, 주봉인 천황봉까지는 2시간 이상 걸린다.

+ 음식/숙박

도갑사에서 20~30분 거리에 낙지 요리로 유명한 독천마을이 있다. 독천시장 안에 수십여 개 낙지 음식점들이 밀집해 있다.

도갑사 앞에 숙박시설은 '월출산장(061.472.0405)'이 유일하다. 45년 전에 지어져 시설을 낡았지만 산속에 파묻혀 있는 옛 여관의 정취를 풍긴다. 된장찌개 더덕정식 촌닭코스 요리 등 식사도 가능하다. 영암군 문화관광과(061.470.2568).

+ 여행 팁

월출산 서편의 전남 영암 구림마을은 가마터 등 선사시대의 유물과 조선시대의 마을길, 그리고 500년 전통의 대동계가 이어져오는 전통마을이다. 일본에 문물을 전한 왕인 박사와 풍수지리의 시조 도선 국사, 고려 태조 왕건의 책사였던 최지몽 등 수많은 역사적 인물을 배출한 곳이기도 하다. 마을의 중심은 굵은 노송이 깊은 그늘을 드리우고 있는 회사정 구림마을이다. 대동계의 집회소로 그 많던 향약이 다 사라진 오늘날에도 명맥을 유지하는 곳이다.

405년 왕인 박사가 떼배를 타고 일본으로 출항한 상대포도 지금껏 남아 있다. 당시에는 국제무역항이던 포구가 지금은 작은 저수지에 가두어져 있다. 일제 때부터 주변 바다를 막아 농토로 개간했기 때문이다. 작은 못이지만 그곳에 저무는 저녁 노을은 여전히 찬란하다.

마을 곳곳에 간죽정·죽정서원·죽림정·회사정·호은정·육우당 등 한눈에 봐도 저마다 품격이 느껴지는 정자들이 있다. 그 정자들을 하나씩 찾아다니며 정겨운 돌담길을 느긋하게 걷는 여정이 이 마을을 제대로 구경하는 방법이다.

미왕재 억새.

억새는 바람을 그리는 붓

허옇게 샌 늙은 머리카락 같은 억새. 단풍이 가을을 대표하는 색이라
하지만 깊어 가는 가을을 제대로 표현하는 데는 억새가 제격이다. 단풍의
현란함은 지나는 시간에 대한 거부의 몸짓에 가깝다. 그러나 억새의
수더분한 색은 순응하며 준비하는 차분함으로 감겨 온다. 가을에 피어나는
하얀 솜털 같은 억새꽃은 바람을 그리는 붓이면서 태양빛을 담아내는
팔레트다. 청명한 가을 햇살을 눈부신 은빛으로 부숴내고, 어둠이 틈입해
오는 해돋이 땐 황금빛으로 맞는다. 스러져가는 태양이 노을을 퍼뜨릴 때,
억새는 진한 구릿빛으로 장엄한 일몰의 종지부를 찍는다.

충북 괴산군 도명산과 화양구곡
휘파람을 불며
만끽하는
푸르름의 절정

내륙의 한가운데 문장대, 입석대 등 절경을 지닌 크고 높고 깊은 산이 있다. 속리산이다. 1,057m 되는 산의 높이가 부담스럽다면 그 속리산을 멀리서 바라볼 수 있는 곳으로 안내한다. '속리산의 전망대'로 불리는 충북 괴산의 도명산632m이다.

도명산道明山 산행은 청정계곡 화양구곡華陽九曲 유람으로 시작한다. 화양계곡의 9개의 절경을 일러 부르는 화양구곡은 조선 초기 우암尤庵 송시열이 이곳에 은거하며 하나 하나 이름을 지은 것이라고 한다.

제1곡인 경천벽을 스치자 마자 주차장이다. 차를 놔두고 시원한 물소리와 함께 계곡길을 걸어 올랐다. 깨끗한 물이 소를 이루는 운영담2곡을 지나 우암이 효종의 죽음을 슬퍼하며 통곡했다는 읍궁암3곡을 지나면 화양구곡의 절정인 금사암이다. 맑은 계곡의 널찍한 바위 위에 우암이 서실로 썼던 암서재巖棲齋가 그림처럼 자리하고 있다.

첨성대5곡·능운대6곡·와룡암7곡을 지나 학소대8곡까지 맑은 물줄기가 함께 했다. 학소대 직전의 철다리를 건너면 도명산으로 오르는 산길이 이어진다. 학소대 까지는 피서객이 무리지어 지났지만 철다리 건너 도명산 등산로부터는 인적이 뚝 끊어졌다. 대부분 시원한 계곡에 발 담그고, 더위를 식히러 온 이들이다. 안그래도 땀이 솟는 염천에 굳이 땀을 쏟아가며 산에 오르려는 이들은 그리 많지 않았다.

인적 드문 산길은 고즈넉한 품으로 길손을 맞았다. 파랗게 익은 도토리가 흙길에 나뒹굴었다. 지난 밤 폭우의 흔적들이다. 촉촉한 산길을 아무런 방해도 없이 걸었다. 계곡의 물소리, 수풀 속의 풀벌레 소리에 저절로 집중을 하게 된다. 초록의 터널을 끊임없이 올라야 했다. 이마에선 비가 쏟아지듯 땀이 흘러내렸다.

커다란 바위 군락을 스치고 얼마 지나지 않아 숲길을 벗어나 태양 아래로 나왔다. 그새 다른 산들이 발 아래다. 암흑의 긴 터널을 통과하고 맞는 새 세상 같은 느낌이다. 저 아래 화양계곡의 물소리는 여전히 우렁차게 퍼져 오르고 있었다. 주위의 산자락은 인왕산 치마바위를 연상케하는 바위들

도명산 산행길 중 만나는 초록의 터널(왼)과 바위 위에서 생을 이어가는 소나무(오른).

이 가득 두르고, 바위엔 검은 물그늘이 짙게 배었다. 초록의 천 위에 그려낸 한 폭의 그윽한 수묵화의 느낌이다.

몇 구비 더 오르자 산길 한가운데 커다란 바위들이 길을 막고 섰다. 바위에 햇빛이 들이치자 가늘게 선각한 마애불이 뚜렷하게 모습을 내보였다. 깎아지른 수직의 암벽에 세 개의 불상이 새겨져 있다. "뭐 이런 데가 다 있노" 아무 말 없이 먼저 걷던 노년의 한 등산객이 처음 입 밖으로 말을 내뱉었다.

제일 작은 부처의 얼굴은 약간 돋을 새김이 돼 있다. 얼굴의 선들에 검은 이끼가 내려앉아 윤곽을 뚜렷이 덧칠하고 있다. 주름을 더욱 도드라지

속리산의 웅장한 자태를 한 눈에 감상할 수 있는 도명산 정상.

게 하는 시간의 더께다. 불상 뒤편엔 옹달샘이 있다. 바위산 정상이 바로 코 앞인데 어떻게 이 많은 물이 고일 수 있는 건지 의아했다. 마애삼존불을 돌아 오를 때였다.

"조금 남았습니다. 정상에 올라 가만히 계시면 땀이 쏙 들어갑니다." 마주 오던 산행객이 힘을 불어 넣는다. 말씀이 참 곱다.

정상은 크고 작은 바위 5개가 뭉쳐 이뤄졌다. 화양계곡의 기암들을 들어 올렸는지 바위 하나 하나가 기묘하다. 산 아래 화양계곡의 수려한 바위는 물살이 깎아냈다면, 도명산 정상의 바위들은 바람이 조각한 것이다. 뾰족하게 생긴 정상 바위에 올라앉아 사방을 둘러본다. 멀리 속리산 자락 묘봉과 상학봉으로 이어진 능선이 아스라했고, 그 앞으로 낙영산 코뿔소바위 등으로 이어진 짙은 산자락이 시선을 붙들었다.

속리산의 전망대라 하는 도명산의 경관은 장쾌했다. 첩첩 산자락의 소용돌이 한가운데 떠있는 느낌이다. 해가 구름에 숨고, 바람도 멎었다. 갑자기 달라진 빛 때문인지 기묘한 분위기가 감돌았다. 마치 UFO에 올라 앉아 산하를 굽어보는 느낌이다. 주변이 빙빙 도는 듯 약간의 현기증이 일어났다. 정상 주변에는 바위 틈에 뿌리를 박고 선 소나무가 여러 그루다. 약간의 흙이 모인 곳에는 상수리 나무가 낮게 가지를 드리웠다.

하산길은 능운대가 있는 화양3교쪽으로 향했다. 학소대 코스 보다 전망이 좀 더 트인 구간이다. 휘파람을 불며 초록을 만끽했다. 푸르름의 절정이 콧속을 간질였다.

충북 괴산의 계곡들은 유독 '구곡'이란 이름의 경승지들이 많다. 중국 남송

도명산 산행은 금사암의 암서재(왼) 등 아름다운 계곡풍경인 화양구곡(오른)을 품고 있다.

때 주희가 무이산 아홉구비의 경치를 이름해 '무이구곡^{武夷九曲}'이라 한 것을 주자학을 숭상했던 조선의 선비들이 본따 지은 것일 게다. 우암 송시열이 이름했다는 화양구곡의 상류에는 2km 짧은 구간에 아홉 개의 명소로 이뤄진 선유구곡이 있다. 1곡인 선유동문을 시작해 경천대-학소암-연단로-와룡폭-난가대-기국암-구암-은선암으로 이어진다. 계곡은 짧지만 강한 인상을 전해준다. 선유구곡엔 퇴계^{退溪} 이황의 이야기가 전해져 내려온다. 이곳의 경치에 반한 퇴계가 아홉 달을 머물며 구곡의 이름을 지어 새겼는데 글자는 지워지고 산천만 남아 있다고 한다.

선유구곡서 연풍 방향으로 오르면 장쾌한 계곡인 쌍곡구곡을 만난다. 보배산·칠보산·군자산 등이 빚은 절경의 청정계곡이다. 금강산을 옮겨다 놓은 듯한 소금강을 비롯해 떡바위, 문수암, 호롱소, 선녀탕 등이 쌍곡을 이루는 구곡들이다. 괴산 수력발전소 뒤편의 갈론마을에는 갈은 구곡이 숨어 있고, 괴강변에는 고산구곡이 이름 지어 있다.

오전 화양계곡 도착 → 도명산 산행(점심은 도시락) → 하산 후 인근 계곡서 땀 식힌 후 귀경

+ 가는 길

중부고속도로 증평IC에서 나와 증평 읍내를 거쳐 592번 지방도로를 타고 질마재를 넘어 화양동으로 향한다. 갈림길마다 화양구곡을 알리는 안내판이 서 있다. 증평 IC에서 화양구곡까지 40~50분 걸린다. 화양계곡 입구에 주차장에 차를 대고 걸어 올라야 한다.

+ 음식/숙박

화양계곡 물길을 따라 쭉 늘어선 민박집에서 닭백숙이나 도토리묵 등으로 요기를 채울 수 있다. 간단한 도시락을 준비하자. 도명산 정상에서 먹는 점심이 꿀맛이다. 도명산 왕복 산행은 4시간 정도 걸린다. 화양계곡이나 선유계곡, 쌍곡계곡 인근에 민박집들이 여럿 있다. 속리산국립공원 화양동분소(043.832.4347).

+ 여행 팁

괴산의 구곡을 돌아다니다 보면 충북과 경북의 경계, 즉 괴산과 문경의 경계를 지나게 된다. 이 근방엔 2개의 선유동이 있다. '신선이 노닐 정도로 아름다운 곳'이란 뜻을 담은 경승이 2개나 된다. 괴산군 청천면에 있고 문경시 가은읍 대아산 자락에도 있다. 괴산과 문경의 두 선유동 사이의 거리는 10km 안팎으로 가깝다. 괴산의 선유동보단 문경의 선유동이 비교적 덜 알려져 있다. 보다 호젓한 계곡을 찾는다면 문경 선유동이 좋겠다. 괴산의 선유동이 조선시대 퇴계 이황의 이야기를 가지고 있다면, 문경의 선유동은 신라시대 최치원이 머물렀던 곳이다. 계곡에는 부드럽게 깎인 암반이 넓게 펼쳐져 있다.

도명산 산행길에서 내려다 본 화양구곡.

화양구곡 입구의 화양서원.

그 섬에는
봄이 벌써 한가득

그 섬에는 이미 봄이 한 가득이다. 우도는 제일 남쪽의 땅 제주에서도 가장 먼 저 봄이 찾아든다. 성산포 북동쪽 앞바다에 일출봉을 마주보고 떠있는 섬이다. 남북 3.53km, 동서 2.5km, 둘레 17km의 작은 크기의 섬이지만 그 어느 곳보다 맑은 해수욕장과 드넓은 풀밭, 흰 등대, 삐죽 솟은 가파른 해벽 등 그림 같은 풍광을 지니고 있다.

성산포에서 출발하는 우도행 도항선에는 자동차가 가득 들어찼다. 날은 맑았지만 파도는 거세 배 위로 넘어온 물이 차량 위로 들이쳤다. 멀지 않은 뱃길에 대한 걱정도 잠깐, 배가 뜬지 10분 조금 넘었을까. 벌써 우도항에 도착했다.

우도 관광은 다른 화산섬이 그렇듯 해안도로를 따라 이뤄진다. 우도항에서 시계 방향으로 차를 몰았다. 얼마 지나지 않아 만나게 되는 눈부시게 흰 백사장과 에메랄드 빛 바다. 몰디브나 보라보라에 온 듯 바다는 이국적 색감이다. 차를 잠시 멈추고 바다 앞에 서서 거센 바람을 맞으며 우두커니 서있었다. 눈물이 핑 정도로 눈이 시려오는 건 바람 때문일까, 희디 흰 모래와 영롱한 바다의 빛 때문일까.

'서빈백사西濱白沙' 또는 '홍조단괴 해빈紅藻團塊 海濱'이라 불리는 이곳의 이름은 설명이 필요 없는 아름다움에 걸맞지 않게 복잡하고 어렵기만 하다. 서쪽 해안의 백사장으로 김·우뭇가사리 등의 홍조류가 딱딱하게 굳어 형성된 홍조단괴가 다시 부서져 생긴 해변이라는 뜻이다. 새하얀 백사장은 산호 해변을 닮았지만 그 원형은 산호가 아닌 홍조류이다. 홍조단괴가 해변의 주요 퇴적물을 이루는 것은 매우 드물고, 학술적 가치가 높아 천연기념물 제438호로 지정됐다.

길은 또 다른 선착장인 하우목동항을 지나 오봉리로 향한다. 짙푸른 바다를 왼쪽에, 현무암을 쌓아 만든 검은 돌담을 오른쪽에 두고 길은 내처 달린다. 키 높이의 돌담은 마치 섬을 두른 성벽과 같다. 구멍 숭숭 뚫린 돌담 안에선 한 뼘 이상 자란 마늘의 초록이 싱그럽다. 성긴 구멍 사이로 가늘게 벼려진 해풍을 맞으며 봄빛이 짙어가고 있다. 하고수동에도 서빈백사에 못지않은 아늑하고 아름다운 해수욕장이 있다. 작은 만 가득 곱디 고운

우도의 하얀 모래사장인 서빈백사(위)와 우도에 붙어 있는 작은 섬 비양도(아래).

섬사람들이 바다 밖이 궁금해 제법 높게 단을 쌓아놓은 망대.

모래와 에메랄드 빛 봄바다가 담겨 있다. 하고수동 옆에는 우도의 부속 섬인 비양도가 있다. 제주 협재 해수욕장 앞에 위치한 같은 이름의 비양도 보다 훨씬 작고 아담한 섬이다. 120m 되는 거리에 돌로 쌓은 다리가 연결돼 섬까지는 한숨에 달려갈 수 있다. 등대 하나 외로이 서 있는 비양도에선 봉화를 올리는 연대와 바다를 관찰하던 망대, 제를 올리던 돈짓당 등을 만날 수 있다.

우도봉 아래 검멀래 해변에서 이제껏 바다와 함께 했던 일주도로는 멈칫하고, 바닷길 대신 섬 안쪽으로 들어간다. 우도에서 가장 높은 우도봉 아래는 깎아지른 벼랑. 그 한쪽에 서빈백사와는 정반대의 검은 모래가 깔린

우도봉에서 바라본 공동묘지는 무덤의
선들마저 아늑하게 느껴진다.

검멀래 해변이 있다. 모래사장으로 내려와 썰물 때면 동안경굴까지 둘러볼 수 있다. 파도가 뚫어놓은 동안경굴은 '콧구멍굴'이라 불리는 작은 굴을 통해 다시 고래가 살만한 커다란 동굴로 이어지는 이중동굴이다.

우도 관광의 하이라이트인 우도봉132m에서는 발 아래로 섬 전체의 아기자기한 풍광이 내려다 보인다. 돌담 둘러친 마늘밭과 보리밭의 초록이 곱고, 이제 막 꽃봉오리를 터뜨리는 유채꽃이 화려하다. 우도봉 바로 아래 너른 목초지 옆 작은 산등성이에는 올록볼록한 무덤들이 다닥다닥 붙어 있다. 떼무덤의 풍경이 으스스하기 보다 아늑해 보이는 이유는 그 위에 내려앉는 따뜻한 봄볕 때문일 것이다.

| 거대한 바다병풍 갯깍 주상절리 |

제주 중문에 바다에 병풍처럼 둘러쳐진 절벽 '갯깍'이 있다. 연필 모양의 시커먼 바위 기둥들이 뭉쳐 이룬 주상절리대, 화산의 흔적이다. 갯깍은 제주컨벤션센터ICC 인근 중문대포해변의 것과 쌍벽을 이루는 제주의 대표적인 주상절리대다.

굽이굽이 길을 달려 예례동을 찾았다. 담수와 해수가 만나는 논짓물에서 만난 예쁘게 포장된 해안도로는 색달 하수종말처리장까지 이어졌다. 하수처리장 옆에는 '반딧불이 보호지역'이란 안내문이 붙어 있다. 왜 하필이면 이런 청정지역에 하수처리장을 설치했는지 이해 못할 행정이다. 하수처리장 앞 까만 갯바위에선 물질을 하던 해녀들이 잠시 숨을 고르며 해바라기를 하고 있다. 여기서부터가 갯깍이다. 바다의 '갯'과 끝머리란 '깍'이 붙었으니 '바다의 끄트머리'란 뜻이다.

처음에 작은 돌병풍이 시작되더니 곧 하늘을 찌를듯한 깎아지른 40~50m 높이의 주상절리대가 펼쳐졌다. 절벽과 바다 사이엔 위에서 굴러 떨어진듯한 까만 갯돌들로 가득하다. 누군지 그 돌들을 가지런히 정비해 벼랑과 바짝 붙여 돌길을 만들어 놨다. 반대편에서 그 길을 따라 줄 지어 걸어오는 나들이객을 만났다. 올레를 찾은 순례객들이다. 활짝 웃는 입가엔 갯깍의 아름다움에 대한 충만함이 가득해 보였다. 해수면과 같은 높이로 바다를 스치고, 주상절리의 웅대함을 함께 느낄 수 있는 길에 대한 고마움도 함께 느끼고 있을 것이다.

갯깍 주상절리는 1km 가량 길게 이어진다. 돌 틈엔 지난 가을 피었던 해국이 아직도 지지 않고 보랏빛을 뽐내고 있었다. 갯깍 절벽에는 2개의 굴이 있다. 첫번째 굴은 입구에선 막힌 굴처럼 보이지만 한 굽이 돌면 다시 바다로 내려오게 뚫려 있다. 이 터널처럼 생긴 굴을 제주민들은 '들렁케'라 부른다. 들려 있는 것처럼 보여서 붙여진 이름이다.

다음에 만나는 굴은 '다람쥐케'다. 평탄길에서 조금 언덕을 올라 만나는 이 굴 앞에는 글씨가 거의 다 지워진 안내판 하나가 서있다. '선사시대 유적'임을 알리는 표식이다. 이 굴에선 선사인들이 쓰던 토기 파편이 출토됐다고 한다. 다람쥐는 산속의 다람쥐가 아니라 제주 말로 박쥐를 뜻하며 이 동굴에 박쥐가 많이 살아 붙여진 이름이다. 물방울 뚝뚝 떨어뜨리는 동굴 천장에는 수정 모양의 돌들이 보석처럼 박혀 있다. 동굴의 고운 흙바닥엔 듬성듬성 초록 이끼가 덧칠돼 있다. 아무도 없는 굴 속 천장서 떨어지는 물 소리에 집중해본다. 어두컴컴하지만 무섭지 않고, 가만히 마음을 편안케 해

우도에서 가장 장쾌한 풍경인 우도봉 아래 깎아지른 벼랑(위)과 굵은 기둥이 하늘로 치솟아 바다 병풍을
이룬 중문해수욕장 옆의 갯깍 주상절리(아래).

주는 동굴이다.

갯깍 절벽길은 중문해수욕장에 딸린 조그마한 해변 조른모살에 다다른다. 현지인들은 중문해수욕장을 '진모살'이라 부르고, 그에 비해 작다고 해 이곳을 '조른모살'이라고 부른다.

조른모살을 찍고 다시 되돌아 갯깍 밑으로 해서 예례동으로 나왔다. 되새김질하는 풍경이지만 감흥은 줄어들지 않았다. 파란 하늘 빗살 무늬의 흰 구름과 어울린 깎아지른 벼랑은 봐도 봐도 질리지가 않았다.

하수처리장에서 이어진 해안길 옆으로는 노란 유채꽃밭이 펼쳐졌다. 성산 일출봉이나 산방산 일대, 관광용으로 일찌감치 꽃을 피워낸 조생종 유채가 아니다. 자연스레 제때에 맞춰 꽃을 피어낸 유채밭이다. 다른 곳은 아직 꽃봉오리도 달리지 않았던데 이곳은 봄볕에 달구어진 갯깍의 온기가 번져서인지 일찍도 샛노랗게 꽃을 피웠다.

제주 우도

첫날 오후 제주 도착 → 해안드라이브 후 중문 등지서 숙박
둘째 날 오전 일찍 성산항서 우도로 출항 → 우도 한 바퀴 둘러보고 숙박
셋째 날 갯깍 올레길 코스 걷고 귀경

+ 가는 길
우도 가는 배는 성산포항 여객터미널에서 탈 수 있다. 승용차를 싣고 갈 수도 있다. 성산포항 여객터미널 우도도항선(064.782.5671). 우도 내에서는 우도 순환버스를 이용하거나 자전거·스쿠터 등을 대여해 섬 관광에 나설 수도 있다. 우도면사무소(064.783.0004).

+ 음식/숙박
섬 주변 곳곳에 식당이 있다. 우도에 들어가는 성산항 인근에 있는 '오조해녀의집(064.784.0893)'이 전복죽으로 유명하다.

+ 여행 팁
갯깍 주상절리는 중문의 하얏트제주호텔 밑으로 해서 중문해수욕장으로 내려가는 것이 빠르다. 해수욕장 백사장에서 서쪽으로 갯깍 주상절리가 이어진다. 반대편은 예례동이며 네비게이션으로 검색할 경우엔 '예례동 하수종말처리장'을 치면 안내해준다. 갯깍 주상절리 아래로 이어진 바닷길은 제주 올레코스 중 하나다.

바닷가엔 봄이 가득하지만 한라산 정상은 여전히 하얀 눈을 이고 있다.

해녀의 섬

우도까지 오는 길, 푸른 잉크를 풀어낸듯 넘실대는 바다에선
해녀들이 연신 물질을 하고 있었다. 자맥질을 하고 올라와서 길게 내뱉는
해녀들의 숨비소리는 파도 소리를 뚫고 우도 하늘에 가늘게 퍼졌다. 우도는
지금도 400여 명의 해녀가 물질을 하는 '해녀의 섬'이다. 우도에 딸린
비양도에서도 해녀를 만났다. 눈부시게 맑은 봄날, 망태기 짊어지고 무거운
납벨트를 두른 구부정한 허리로 발걸음을 옮기는 늙은 해녀는 까만 잠수복
속에 삶의 피로를 꼭꼭 숨겨두고서 터벅터벅 물 속으로 걸어 들어갔다.

현무암의 땅을 흐르는
한탄강 물줄기

북한의 평강에 '오리산'이란 곳이 있다. 휴전선과 가까워 남한 땅에서도 육안으로 보이는 나지막한 야산이다. 해발 453m 밖에 안되지만 '한반도의 배꼽'이란 거창한 수식어를 달고 있는 의미 있는 산이다. 30만 년 전 오리산을 중심을 이 일대의 땅은 꾸역꾸역 엄청난 양의 용암을 토해냈고 평강·철원·김화 등 무려 650km²에 달하는 지역을 용암의 바다로 만들었다. 이 용암이 식으면서 광활한 용암 대지가 만들어졌다.

전곡 차탄천변의 주상절리. 찾는 이 드문 한겨울, 혼자서 설경을 뽐내고 있다.

현무암의 땅을 흐르는 물줄기가 한탄강이다. 현무암은 침식에 유독 취약해 물은 마치 조각칼처럼 용암대지를 깎아냈다. 한탄강이 다른 강과 달리 수직의 단애斷崖를 이루고 있는 이유다. 물에 깎인 용암대지는 곳곳에 연필 모양의 시커먼 바위기둥이 뭉쳐 이룬 주상절리의 절경을 펼쳐 놓았다. 거대한 용암줄기가 급하게 식으며 거칠게 뿜어져 나왔던 용암의 분노가 그대로 굳어버린 것이다.

물과 용암이 빚은 주상절리를 찾아 한탄강 근처로 길을 나섰다. 처음 찾아간 곳은 경기 연천 차탄천변의 전곡 주상절리다. 차탄천은 한탄강으로 흘러드는 지천 중에 하나로 전곡읍내와 멀지 않은 장진교 옆에 40m가 넘는

경기 연천군 한탄강 주상절리

바로 밑에서 올려다 본 웅장한 차탄천변 주상절리.

높이의 주상절리대가 위용을 뽐내고 있다. 장진교 밑으로 난 마을 길을 따라 주상절리대 쪽으로 다가갔다. 주변 벽돌 공장의 어수선함을 흰 눈이 가려주고 있었다. 금속성 소리가 날듯한 청명한 하늘에선 기러기떼가 V자 대형으로 날아갔다.

천변으로 차 한대 지나갈 길이 이어졌다. 바퀴 자국을 따라 걸어 들어가 드디어 주상절리대 밑에 섰다. 바로 앞에서 올려다 보니 『삼국지』의 적벽赤壁을 연상케 할 정도로 웅장했다. 길 따라 조금 더 들어가니 물 건너편으로 또 다른 주상절리대가 병풍을 치고 있다. 머리에 눈과 소나무를 이고 있는 수직단애의 풍경 위로 수리 한 마리가 겨울 바람을 희롱하며 맴돌았다.

다음에 찾은 주상절리 비경은 포천시 영북면 대회산리에 있는 비둘기낭이다. 한적한 마을의 버스 종점에 있는 가게에 들렀다. 난로 가에서 막걸리를 들이키고 계신 할아버지께 길을 여쭸더니 한겨울에 왜 비둘기낭을 찾느냐며 의아해하신다. 일러주신 대로 길을 찾아갔다.

아무도 밟지 않은 흰 눈바닥에 발자국을 내며 비둘기낭을 찾던 중 갑자기 푹 꺼진 협곡 안에 정말 비둘기 둥지처럼 생긴 둥근 공간이 나타났다. 불현듯이 나타난 신비의 궁전인 것처럼 놀라웠다. 높이 10m 가량의 폭포는 물이 말라 바위만 드러냈지만 그 밑 청초록의 소는 맑은 물을 담고 있었다. 소 옆으론 둥근 동굴이 뚫려 있고, 멀리서 보니 동굴 안에 하얀 막대

비밀의 궁전 같은 비둘기낭의 동굴 천장에는 떨어진 물방울들이 하얀 얼음기둥을 만들었다.

경기 연천군 한탄강 주상절리

주상절리가 포근하게 감싸고 있는 비둘기낭.

기 같은 것이 여럿 서있었다. 혹시나 무속인들이 찾아와 기도를 드리며 켜 놓았던 초들이 아닌가 했지만 가까이 다가가 보니 초가 아닌 얼음기둥이었다. 석회암동굴의 석순처럼 동굴 천장에서 떨어진 물방울이 그대로 얼어붙어 만들어진 얼음순이다.

동굴 밖으로 나와 비둘기낭 한가운데에 섰다. 주상절리 바위 사이에 나 있는 수많은 크랙들이 눈에 들어왔다. 어떤 것들은 그 틈이 너무 벌어져 금세라도 돌들이 떨어져 내릴 것 같다. 비둘기낭 바닥을 메운 돌무더기들도 다 그렇게 떨어진 것들이다. 주상절리는 오랜 시간 허물을 벗듯 용암의 거친 기억들을 털어내고 있었다. 한여름 초록이 싱그러울 때면 청정한 물이 가득 차겠지만 지금은 한겨울의 텅 빈 울림뿐이다. 바람 한자락 나뭇가지에 앉아 있던 흰 눈을 날렸다. 용암의 흔적이 만든 빈 공간 위로 수십만년 전 화산의 이야기가 맴돌았다.

비둘기낭의 감동을 가슴에 안고 다시 달려 간 곳은 한탄강 한가운데에 있는 화적연禾積淵이다. 포천시가 영평 8경 중 제1경으로 꼽는 절경으로 수직의 주상절리를 스치고 흐르는 강물 한가운데서 솟은 커다란 화강암 바위다. 좁게 흐르던 한탄강인 이곳에서 갑자기 넓어지며 크게 돌아 나간다. 얼어붙은 강물 위에도, 용처럼 생긴 화적연 바위 위에도 하얀 눈이 덮었다. 사선으로 내리친 빛에 흰 눈이 반짝였다. 순백으로 가득한 강풍경에 마음도 하얗게 정화되는 느낌이다.

이곳의 아름다운 주상절리는 기묘한 화적연과 황홀한 설경에 그만 빛을 잃고 말았다.

비둘기낭 입구의 허름한 종점 구멍가게.

오전 전곡 차탄천변 주상절리 둘러보기 → 점심 먹고
포천 비둘기낭, 화적연 보고 귀경

차탄천변 전곡 주상절리나 비둘기낭, 화적연 등은 모
두 찾아가기가 쉽지 않다. 모두 주변에 변변한 이정
표 하나 없다. 차탄천변 주상절리는 전곡읍내와 가
깝다. 3번 국도를 타고 의정부 동두천을 지나 전곡까
지 간다. 전곡읍내에서 좌회전 322번 지방도를 타고
군남 방향으로 1km가량 가면 장진교다. 다리 밑으
로 마을을 잇는 도로가 연결돼 있다. 이 길을 따라 계
속 들어가 또 다른 낮은 다리를 타고 물을 건넌다. 천
변으로 차가 다닐 수 있는 길이 이어졌다. 길은 개나
오리를 키우는 농장에서 끝나니 더 들어갈 필요는
없다.

비둘기낭을 가려면 43번 국도를 타고 포천시내를 지
나 철원방향으로 달린다. 산정호수 인근의 운천사
거리에서 좌회전, 722번 지방도를 탄다. 소회산리
를 지나면 '비둘기낭마을'이란 간판을 내 건 대회산
리 마을을 만난다. 마을 안으로 쭉 들어와 버스 종
점의 가게를 끼고 표지판의 '비둘기낭마을 1길' 방향
으로 약 200m 가량 걸으면 작은 콘크리트 다리를
만난다. 다리 건너지 말고 물길을 따라 오른쪽으로
100m 가량 가면 비둘기낭으로 내려가는 길이 나타
난다.

화적연은 비둘기낭에서 나와 다시 43번 국도를 타
고 철원방향으로 가다 운천을 1km가량 지난 삼거리
에서 좌회전, 329번 지방도를 탄다. 한탄강을 가로
지른 근홍교를 넘자마자 좌회전해 들어간다. 중간에
나오는 삼거리에서도 계속 직진, 고개를 넘어가면 군
부대 앞 강가에 화적연이 보인다.

한탄강유원지에서 비둘기낭으로 가는 길, 연천군에
'망향국수(031.835.3575)' 원조집이 있다. 비빔국
수 맛이 좋다.
포천시청 문화관광과(031.538.2068), 연천군청 문
화관광과(031.839.2148).

한탄강이 품은 폭포 중 가장 아름다운 곳이 재인폭
포다. 차탄천 주상절리와 멀지 않다. 이곳은 겨울철
일요일에만 개방된다. 검은 암반이 항아리처럼 둥글
게 파진 곳 한가운데에 높이 18m의 물기둥이 수직
으로 떨어진다. 이곳은 슬픈 광대의 전설을 지니고
있다. 옛날에 줄을 타는 재인(才人)이 있었는데 그의
부인이 절세미인이었다. 재인의 아내를 탐낸 마을의
원님이 이 폭포 위에 줄을 매달고는 재인에게 재주를
넘게 했다. 재인이 중간쯤 건넜을 때 원님이 줄을 끊
었고 그는 목숨을 잃었다. 재인의 아내는 원님의 수
청을 드는 척 하다가 원님의 코를 깨물고 자결했다고
한다. 폭포 입구 마을인 고문리는 '코문리'에서 이름
이 바뀐 것이라 한다.

연천의 아름다운 물줄기인 재인폭포.

꿈적거리는 생명이
녹아 있는 늪

늪은 푹 젖은 땅이다. 호수도 아니고 맨 땅도 아닌 모호한 경계의 중간자적 형
태다. 아마도 복잡다단한 세분화가 이뤄지기 전 시원의 생명이 이런 모습이었을
것이다. 생명이 콜로이드 상태로 끈적거리며 녹아 있는 곳. 그걸 한 음절로 축약
한 것이 바로 늪이다.

여명도 없는 캄캄한 새벽을 달려 도착한 곳은 231만㎡로 국내 최대 천연 늪지대인 경남 창녕의 우포다. 습지의 소중함이 알려지면서 1억4,000만년 전 생성됐다는 우포는 세상의 큰 관심을 얻게 됐다. 하지만 정작 그 옆에서 나고 자란 주민들은 '우포'란 이름이 생소하다. 그들은 평생 '소벌'로 부르던 늪인데 왜 남들은 아무 생각 없이 우포라 부르는지 개운치 않다. 소벌의 일본식 한자표기 '우포牛浦'가 람사르총회 등을 거치며 공식명칭으로 굳어진다는 것을 몹시 불쾌해 했다.

우포는 모두 4개의 늪으로 구성됐다. 가장 큰 늪이 소벌우포이고, 그 옆에 나무벌목포·모래펄사지포·쪽지벌이 같은 물줄기를 하고 붙어 있다. 어둠을 뚫고 차가 도착한 곳은 나무벌과 소벌의 경계인 목포제방이다. 아무도 없는 제방을 거닐며 새벽의 늪과 조우했다. 얼마 지나지 않아 여명이 비쳤고, 늪은 윤곽을 드러내기 시작했다. 빛이 밝아가는 정도에 따라 풀섶에서 잉잉대는 풀벌레 소리도 함께 커져갔다. 생명의 숨소리 낮게 깔리어 물안개 대신 늪 위를 자욱하게 덮었다.

늪의 아침을 사진에 담으려는 이들이 하나 둘씩 제방에 몰려들었고, 물 위에 펼쳐진 아름다운 초원을 바라보며 카메라 렌즈를 들이댔다. 마침 쪽배를 타고 늪의 새벽 순찰을 나섰던 '우포지킴이' 주영학씨를 만났다.

많은 사진 마니아들이 물안개는 언제 피느냐 물어왔다. 주씨는 "쓰리가 와야 칸다"고 했다. 늪처럼 탁한 그의 억센 사투리 때문에 뭔 뜻인지 감이 오질 않았다. "산천의 풀이 녹아내려야 물안개가 피어 오른다"는 그의 보충 설명에 그제서야 '서리가 와야 한다'는 이야기란 걸 알게 됐다. 주씨는 우포를 가리키며 "갈수록 풀과 덤불이 빠르게 늘어나 늪이 육지화되고 있다"며 걱정했다.

여명이 밝아온 조용한 우포의 새벽 위로 조각배 한 척이 물질을 하고 지난다.

우포에서 볼 수 있는 희귀종인 가시연꽃(왼)과 거대한 가시연꽃잎(오른).

생명의 습지인 우포는 다양한 생물의 보금자리다. 희귀한 새는 물론 삵과 고라니·멧돼지 등 동물도 이 늪을 근거지로 살고 있다. 주씨는 "최근 수달을 닮은 외래종 누테리아가 늪의 물고기를 다 잡아먹고 다닌다. 번식력이 워낙 좋아 골치"라고 했다.

주씨는 쪽지벌의 가시연꽃밭으로 안내했다. 15년 만에 가장 많은 가시연꽃이 피어 장관을 이룬다는 곳이다. 그의 쪽배를 타고 늪 안으로 들어가 보니 1~2m가 넘는 동그란 가시연꽃잎이 늪을 가득 덮었다. 시인 이하석은 <늪을 헤매는 거대한 수레바퀴>에서 우포의 가시연꽃잎을 보고 "그 큰 잎은 무수한 살이 박힌 바퀴처럼 당당하다. 너무나 당당해, 그 바퀴를 굴리면 흡사 거대한 공장처럼 이 늪의 모든 것이 일사분란하게 가동될 것 같다는 생각이 들 정도다"고 했다. 연잎에는 온통 가시가 박혀 있었고, 붉은 보랏빛의 연꽃이 꽃다발처럼 한데 모여 피어났다. 가시가 피어낸 아름다움 때문일까. 그 빛은 더욱 선명했다.

경남 창녕군 유어면 우포

가시연꽃 구경을 마치고 둑 위로 올라왔을 때다. 잠어실 마을 사신다는 한 할머니가 저편 물길을 보고 "순둥아"를 외쳐댄다. 강아지가 삵을 잡겠다고 달려가선 한참을 대치중이란다. 개 짖는 곳으로 시선을 모아봤지만 수풀에 가려 잘 보이질 않는다. 가시덤불을 헤쳐가며 도랑을 따라 가까이 다가갔다. 짖는 개 앞에서 미동도 없이 노려보기만 하는 삵이 보였다. 눈가에 난 주름을 보니 삵이 분명했다. 새벽 늪에서 헤엄을 치다 체온이 떨어져서인지 힘이 쭉 빠진 모습이지만 눈빛은 날카로웠다.

인기척에 고개를 돌린 삵은 안간힘을 쓰고는 뒤편의 수풀 속으로 기어 들어갔다. 장기간의 대치를 벌이던 순둥이는 결국 더는 기다리지 못하겠다며 떠난 제 주인을 쫓아 마을로 뛰어가버린다. 카메라 렌즈만이 수풀이 흔들거리고 있는 살아 있는 야생에 포커스를 맞추고 있었다.

┃ 문화재와 불과 물의 땅, 창녕 ┃

창녕읍은 경주의 축소판이다. 조그만 읍내지만 그 안에 국보가 2점, 보물이 8점, 사적이 4점 등 문화유적이 즐비하다. 천천히 읍내를 산책하면 그 유적들과 역사의 대화를 나눌 수 있다.

창녕은 가야국 중 하나인 비화가야非火伽耶가 둥지를 틀었던 곳으로 다른 가야국과 달리 유일하게 낙동강 동쪽에 있던 나라였다. 신라는 금관가야 다음으로 비화가야를 점령하고는 이곳을 서진西進의 거점으로 삼았다. 읍내에 진흥왕척경비국보 제33호가 있는 이유다. 창녕경찰서

얼음을 보관하던 창녕의 석빙고.

화왕산 정상에서 바라본 창녕의 너른 들판(위). 창녕의 가야 고분(왼)과 불국사 석가탑을 닮은 술정리 동 3층석탑(오른).

경남 창녕군 유어면 우포

인근 만옥정공원에 모셔져 있다. 진흥황척경비와 가까운 곳에 얼음을 얼렸던 창녕석빙고보물 제310호가 있고, 소담스러운 가야고분군 옆에는 비화가야의 화려한 역사를 물증으로 증명하고 있는 창녕박물관이 있다. 창녕의 또하나 국보인 '술정리 동삼층석탑국보 제34호'은 경주 불국사의 석가탑을 모방해 직후 축조한 탑으로 추정된다. 그 모습은 잘 빠진 여인의 몸매를 보는 듯 늘씬하니 시원하게 뻗었다.

창녕은 불과 물의 땅이다. 우포가 물이라면 불꽃모양 산세를 가진 화왕산해발 757m이 그 상대인 불이다. 창녕 사람들은 화왕산이 있어 물의 범람을 막을 수 있었고, 우포가 있어 화왕산의 화기를 누를 수 있었다고 한다. 불과 물이 상생하는 땅이다.

화왕산 정상은 용암을 분출한 칼데라 같은 모양의 거대한 분지로 이뤄졌다. 그 능선을 따라 가야시대 지어진 산성이 있다. 정상의 사면은 봄엔 진달래 철쭉으로 꽃불이 타들고, 가을이면 부수수한 억새꽃이 가득하다. 화왕산 등산로 중 창녕읍내의 자하곡 매표소에서 오르는 길이 가장 빠르지만 경사가 가팔라서 무척 힘들다. 산 뒤로 돌아가 옥천매표소를 이용하면 시간은 많이 걸려도 좀 더 편하게 편하게 오를 수 있다. 옥천계곡 인근에는 관룡사란 사찰이 있다. 관룡산 병풍바위 밑에 자리한 천년고찰이다. 원효대사가 화왕산 정상에 있는 연못에서 9마리의 용이 승천하는 것을 보고 지었다는 절이다.

관룡사의 하이라이트는 대웅전이 아니라 절 마당에서 500m 산길을 올라가 만나는 용선대龍船臺다. 번뇌를 씻으며 용선대로 올랐다. 돌 배 위에 올라앉은 석불보물 제295호의 얼굴엔 중생을 굽어살피는 온화한 미소가 가득했다. 용선대에 함께 온 창녕군 문화관광해설사 김량한씨는 "이 석불이 일제 강점기에 누군가에 의해 90도 방향을 틀어진 것 같다”며 석불 좌대를 가리켰다. 좌대와 바닥의 좌대를 놓기 위해 깎인 부분의 길이가 서로 달랐다. 지팡이를 이용해 그 길이를 재니 석불의 좌대를 90도 방향을 바꾸면 딱 들어맞는 길이였다.

김씨는 “중생을 구제하려는 반야용선般若龍船의 뜻이 있다면 불상은 지금처럼 일본이 있는 동쪽을 바라보는 것이 아니라 중생들이 마을을 이루고 있는 남쪽을 굽어보고 있어야 하지 않겠느냐”고 반문했다. 석불 앞 불공을 드리는 공간도 남쪽으로 향했을 때 비로소 여유를 찾게 된다고 설명했다. 지역 역사연구회를 중심으로 용선대 석불 제자리 찾기 운동을 벌인다고 하니 그 결과를 지켜볼 일이다. 불상의 뒤편엔 보통 광배가 있기 마련이다. 지금의 방향에선 없는 광배를 90도 틀어서 보면 건너편 산자락의 바위가 정확히 광배의 역할을 하고 있음을 알게 된다.

그 광배가 될 바위에 올라서 용선대를 내려다 보면 산 아래 마을과 반야용선의 석불이 얼마나 잘 조화를 이루는 지를 알 수 있다. 마치 바위 배가 둥실 하늘로 떠오르는 착각에 빠져든다.

창녕의 석빙고 내부.

경남 창녕군 유어면 우포

+ 1박2일 추천코스

첫날 오후 창녕 도착 → 화왕산 산행, 부곡온천단지서 온천 후 숙박

다음날 새벽 우포늪 탐방 → 점심 먹고 읍의 역사유적을 둘러본 후 귀경

+ 가는 길

대구와 마산을 잇는 중부내륙고속도로를 이용해 창녕IC에서 나오는 게 빠르다. 서울 남부시외버스터미널에서 창녕으로 가는 고속버스가 있다.

+ 음식/숙박

숙박시설은 창녕읍이나 온천 관광지인 부곡에 잘 갖춰져 있다. 부곡은 78도의 유황온천수를 매일 6,000톤 가량 뿜어낸다. 국내에서 가장 뜨거운 온천이다.

+ 여행 팁

우포는 크기가 큰 만큼 탐방 코스도 여럿이다. 가장 일반적인 것은 세진리 우포늪생태관 앞에 차를 두고 걸어서 대대제방이나 우포늪 전망대 등을 둘러보는 코스다.

우포의 일출 포인트는 목포제방 아래다. 생태관 반대편인 대지면으로 해서 1060번 지방도로를 타고 오면 이방면 조금 못미쳐 나무벌 옆으로 늪을 따라 난 비포장길로 차가 들어갈 수 있다.

물과 땅의 중간자적 상태를 제대로 보여주는 우포늪.

극락세계로 향하는
상상의 배

불가에서 '반야용선般若龍船'은 중생을 구제해 극락세계로 인도하는
상상의 배를 말한다. 관룡산 중턱에 툭 튀어나온 배를 닮은 바위 용선대에
커다란 석불이 모셔져 있다. 한 땀 한 땀 걸음으로 용선대까지 오르는
숲길은 세속의 먼지를 땀으로 씻겨내고, 솔바람에 날려보내는 구도의
길이다. 마침내 올라 바라본 용선대. 중생의 바다 위에 바위 배가 둥실
떠있다.

구름마저 녹아버린
순정의 산정호수

사라오름은 성판악에서 백록담으로 가는 코스에 있다. 제주의 산정 분화구를
가지고 있는 오름중 백록담 다음으로 높은 봉우리다. 백록담처럼 비나 눈이 많
으면 물을 담을 수 있는 산정호수의 오름이다.

한라산은 1970년 국립공원으로 지정되었다. 그때부터 2010년까지 일반인의 발길을 거부한 채 온전히 자연의 품 속에만 파묻혀 있던 예쁜 오름 하나가 세상에 모습을 드러냈다. 신비의 산정호수를 품고 한라산 어깨죽지에 봉긋 솟은, 제주의 비경 사라오름1,324m이다.

오전 9시, 성판악 주차장엔 산행을 준비하는 이들로 가득했다. 성판악서 사라오름까지는 5.8km로 약 2시간이 걸린다. 때죽나무 등이 우거진 숲길을 들어서니 뭍의 산길과는 사뭇 다른 느낌이다. 한라의 숲은 농밀한 느낌을 준다. 이들 나무엔 곧 허리 높이로 눈이 쌓일 것이다. 딱 눈이 쌓일 높이까지 나무 밑둥은 초록의 이끼를 두르고 있다.

제법 고도가 높아지면서 커다란 몸집의 까마귀가 나타나 숲 이곳 저곳에서 깍깍거린다. 해발 900m쯤 올랐을 때 단풍 든 나무들이 보이기 시작했다. 숲의 공기에도 붉은 기운이 감돌았다. 해발 1,000m를 넘어서자 많은 나무들이 잎을 떨구기 시작했다. 앙상한 가지만을 하늘로 뻗친 나무들이 많다. 앙상한 가지를 떠받치는 건 사시사철 푸른 제주조릿대다. 그 빈 가지 사이로 가을하늘이 나타났다.

마지막 약수터 사라약샘에서 목을 축인다. 사라오름에 고인 물이 이 약수터로 흘러내려올 것이다. 곧 나올 사라오름 입구를 찾아 다시 오른다. 성판악 등산로 옆으로 모노레일이 깔려 있다. 진달래밭대피소에서 쓸 물건 등을 실어 나르는 용도인가 보다. 모터소리가 나 뒤돌아보니 컵라면 박스를 잔뜩 실은 전동차가 그 레일을 오르고 있다. 산행이 힘든 등산객들은 모두

사라오름을 오르는 성판악코스 산행길 옆으로 물건을 나르고 있는 모노레일.

한번 얻어 탔으면 좋겠단 생각을 했을 것이다.

해발 1,100m 이정표를 훨씬 지나서야 드디어 산길 왼쪽에 난 사라오름 입구를 찾았다. 계단을 올라 만난 사라오름 숲길은 발자국 하나 없이 정갈했다. 40여 년 만에 일반에 처음 공개되는 길이다. 길의 낙엽들이 수줍은 듯 부는 바람에 스르르 떨어댄다.

얼마 오르지 않아 바로 시야가 확 터졌다. 정갈한 산정의 호수가 나타났다. 백록담만큼이나 커다란 분화구의 호수다. 사라오름 분화구의 둘레는 1.2km, 지름은 100m 가량 된다. 백록담이 밑이 깊은 화채그릇 비슷하다면 이곳은 넓은 쟁반 모양이다. 호숫가를 따라 도보데크가 놓여 있다. 그 길을 따라 반 바퀴 돌면 건너편 능선으로 오르는 계단이 있다. 계단 끝은 전망대다.

한라의 정상에서 바라보는 풍경과 비슷하다. 서귀포와 너른 바다, 길게 누운 한라의 능선, 백록담 분화구 사면까지 광활한 풍경이 펼쳐졌다. 한눈에 제주도를 담는다. 사라오름의 능선엔 제주조릿대가 가득했다. 능선은 정오의 햇살을 받아 연둣빛으로 반짝거린다. 그 너머로 울긋불긋한 제주의 가을이 물들고 있다. 범섬·문섬 등 서귀포 앞바다의 섬들 위

사라오름 전망대에선 한라산 자락과 제주의 바다를 한 눈에 조망할 수 있다.

로는 뭉게구름들이 걸려 있다. 푹신해 보이는 능선을 타고 그냥 데굴데굴 굴러 저 바다까지 미끄러지고 싶은 충동이 일었다. 사라오름의 동쪽 자락에서 구름이 넘실 넘어오기 시작했다. 꼭꼭 숨겨 놓은 사라오름에 누가 올랐나 알아보러 감시의 촉수를 뻗는 모양이다.

다시 호숫가에 섰다. 바람에 물살이 계속 인다. 바람이 멎길 기대했다. 한라산 정상과 푸른 가을하늘이 풍덩 이 호수에 빠지는 순간을 맞기 위해서다. 한참을 기다려도 바람은 멈추지 않았고, 호수도 가만히 있질 않았다. 내내 그 잔물결만 바라봤다. 제주의 억새만이 바람을 그려내는 줄 알았더니 사라오름의 호숫물도 제주의 바람을 그리고 있었다. 한라산의 구름이 녹은 물이다. 한라의 노루가 목을 축이는, 이슬 같은 순정한 호숫물이다.

+ 1박2일 추천코스

첫날 오후 제주 도착 → 해안드라이브 후 숙박
다음날 새벽 사라오름 산행 → 오후 늦은 점심 후 해수온천욕 후 귀경

+ 가는 길

사라오름은 한라산 성판악코스로 오른다. 성판악휴게소에서 사라오름까지는 2시간 가량 걸린다. 사라오름 입구에서 사라오름까지는 10분이면 올라갈 수 있다.

사라오름 가는 길의 사라대피소.

등산로 주변의 삼나무 군락.

+ 음식/숙박

뭘 먹을까 고민된다면 해안도로변 각 마을 어촌계 해녀들이 직접 운영하는 횟집들을 들러보자. 해녀들이 직접 채취한 신선한 해산물을 비교적 저렴한 가격에 맛볼 수 있다. 해녀들의 푸근한 인심은 덤이다. 성산읍 신양리에 '섭지해녀의집(064.782.0672)', 오조리엔 '오조리해녀의집(064.784.7789)', 온평리엔 '소라의성(064.784.6363)' 등이 있다.

제주는 호텔 리조트 펜션 등 고급 숙박시설이 많다. 제주 시내에는 오리엔탈·그랜드 호텔, 중문에는 신라·롯데·하얏트·스위트 호텔 등이 있고, 휘닉스아일랜드·한화·대명 리조트 등 숙박명소가 즐비하다.

+ 여행 팁

사라오름까지는 계속된 숲길이고 오르막이 별로 없어 편하게 오를 수 있다. 성판악코스로 백록담에 오르는 길은 사라오름부터 진달래밭 통제소를 거쳐 백록담까지만 경사가 급하다. 해발고도가 높아 온도가 낮으니 방한 방풍이 되는 옷을 챙겨가야 한다.

11월부터는 한라산 등반 통제시간이 앞당겨진다. 성판악코스로 백록담까지 오르려면 진달래밭 통제소를 낮 12시 이전에 통과해야 한다. 관음사코스도 삼각봉 대피소를 낮 12시 이전에 지나야 백록담에 오를 수 있다. 어리목코스도 어리목입구 매표소를 낮 12시 이전 통과해야 하고, 윗세오름통제소는 오후 1시부터 통제된다. 돈내코코스는 입구 안내소를 오전 10시 이전에 통과해야 한다. 한라산국립공원 성판악지소(064.725.9950).

이야기,
길 위에서
만난

사람들

50년 세월이 피운
수선화의 낙원

춘사월 거제로 꽃구경을 나갔다가 '공곳이'란 곳을 찾았다. 거제 일운면 와현
리에 있는 바다로 비죽 튀어나온 땅의 한 귀퉁이다. 거제의 화려한 봄이 그곳에
숨어 있다고 해 찾아간 걸음이다. 그 곳은 초록과 붉은 꽃잎으로 가득한 세계
로 들어가는 일종의 비밀 통로 같았다.

봄볕을 가득 안은 와현해수욕장을 지나 '예구'란 어촌 마을에 차를 대고는 고갯길 하나를 넘었다. 질척이는 비포장 길을 걸어 천주교 공동묘지를 지나면 공곶이 농원 안으로 들어갈 수 있다. 가파른 경사의 돌계단은 얼추 가늠해봐도 200m가 넘어 보인다. 그 좁은 돌계단을 동백나무가 터널처럼 감싸고 있다. 진초록의 이파리와 짙붉은 꽃잎이 이룬 환상의 터널은 『이상한 나라의 앨리스』에 나올법한 신기한 세계와 연결되는 통로 같았다.

돌계단 옆 급한 경사의 산자락엔 좁은 밭들이 다랭이논처럼 층층이 겹쳐져 있다. 샛노랗고 하얀 수선화가 밭을 메웠고, 눈이 내린 듯한 설유화가 흰빛을 토해내고, 종려나무의 너른 잎이 부챗살처럼 초록을 펼쳐내고 있었다. 층층의 밭에 그려진 색의 조화에 눈이 멀 지경이다.

조심조심 돌계단을 내려가 작은 집의 문을 두드렸다. 이 공곶이 농원을 일군 노부부를 그 집에서 만났다. 강명식, 지상악 부부가 "누추한데 어찌 오셨냐"며 방석을 내주신다.

어떻게 이런 곳에 터를 잡으셨냐 묻자 할아버지는 쑥스러워하며 "할마시한테 물어보소"라 하신다. 안주인께선 "전 들어오고 싶지 않았어요. 바깥양반이 자연에 묻혀 살고 싶다고 해 같이 살았죠. 요즘 같아선 이혼감이지. 덕분에 애들이 고생했어요. 학교 다니기 힘들어 육남매 모두 초등학교 3학년 때부터 외지로 유학을 나가야 했으니" 하신다. 바깥 어르신은 6·25가 난 직후 군대에 갔다가 7년을 군생활을 하고 복무기간을 마쳤지만 제대 차례를 기다리는 데만 또 2년을 기다렸다고 했다.

"비쩍 말라 '마른 명태'라 별명을 얻어 겨우 경남 진주의 고향으로 내려갔더니 모친이 내일 당장 거제로 가라 합디다. 거기 규수 한명 보기로 약속했으니 동네 어르신과 다녀오라구요. 몸이 힘들어 안가겠다 했지만 어머

공곳이 농원의 가파른 돌계단을 동백터널이 포근히 감싸고 있다.

니 소원이란 얘기에 '그래, 이것도 운명인가 보다'하며 가기로 했죠."

하루를 꼬박 걸려 거제의 처가가 될 집에 찾아 들었고 등잔불 밝힌 어둑한 방안에서 그쪽 친지 다 모인 가운데 고개를 폭 수그리고 있는 규수와 첫만남을 가졌다. 이후 한 달만에 거제에서 식을 올렸다. 아침 일찍 식을 치르고 난 뒤 오후에 처가 쪽 친지의 권유로 산보를 나갔다. 그때 운명의 공곶이를 만나게 됐다.

"너른 바다와 바로 앞의 섬 내도, 산자락이 어울리는 풍경을 보자 마음이 울컥했습니다. 그 행복감이란 부귀영화를 누린 그 어느 왕도 느끼진 못했을 겁니다. 그래서 여기서 살겠다 결심을 했죠."

공곶이를 일군 50년의 세월 동안 강명식씨의 허리는 활처럼 휘었고, 손바닥은 바윗돌처럼 단단해졌다.

처가에 좀 더 머물며 일거리를 찾다가 지금 부부가 사는 터에 먼저 살던 이웃을 방문했다. 그 집 담벼락에 피어난 빨간 글라디올러스가 눈에 들어왔다. 그 꽃 씨앗 얻기를 청하자 집주인은 가을에 오라 했다. 가을에 다시 찾아가니 집주인이 글라디올러스 2뿌리를 내주었다. 큰 뿌리 밑으로 콩알만한 알뿌리 30개가 달려 있었다고 한다.

"계산해보니 이 30개가 내년엔 900개가 되고, 후년엔 2만 7,000개가 될 수 있겠더군요. 몇 년 있으면 그 뿌리를 팔아 이 땅을 살 수 있겠다 싶었습니다. 맘속으로 집주인은 2개의 뿌리를 주었지만 난 이걸로 이 땅을 다 얻어간다 생각했습니다."

글라디올러스 2뿌리를 가꾸고 늘여가기 위해 마산의 고아원 마당을 빌리고, 진영의 공동묘지 터를 빌려가며 10년 가까운 시간을 보냈다. 마침 공곳이의 집주인이 서울로 간다는 소식이 들려왔고, 드디어 때가 됐구나 싶어 이제껏 공들여 키운 꽃을 다 팔아 집터와 농토를 샀다. 1968년 드디어 공곳이에 입성했다. 이후 돈이 생길 때마다 땅을 넓혀 지금의 4만평13만㎡ 부지를 일구게 됐다. 그 이후 일사천리 성공의 길만 달린건 아니었다.

"공곳이에 들어왔을 때 정부가 소득증대 사업으로 감귤농사를 권했습니다. 감귤나무 심으면 비료도 지원하고 먹을 밀가루도 준다더군요. 감귤나무 한 그루면 자식 대학공부를 시킬 수 있다던 시절이었죠."

그는 공곳이 산비탈에 폭 1m, 깊이 1m로 4,000m길이에 이르는 거대한 고랑을 팠다. 돌덩이 큰 나무뿌리 가득한 비탈을 오로지 괭이 삽 도끼로 깎아 만든 밭이다. 그렇게 감귤나무 2,000그루를 심었고 6~7년 지나 드디어 결실을 볼 때였다. 이웃들이 새부자 나온다고 모두 부러워했지만 1976년 겨울 혹독한 추위가 거제에 몰려왔고, 밀감나무 2,000그루는 모두 얼어 죽었다.

"그때는 눈에 뵈는 게 없었죠. 머리카락이 다 하얗게 새버리더군요."

그래도 살아야겠다 다시 마음을 추스렸고 다시 시작해보자고 한 것이 수선화였다. 부산역 앞에서 무심코 산 수선화 2뿌리를 시작으로 매년 그 수를 늘려갔다.

"수선화는 10년이 될 때까지 별 수입이 안되더니 20년이 지나자 제법 찬거리를 사먹을 정도가 됩디다. 그리고 30년이 넘자 이젠 더 심을 땅이 없을 정도로 불어나 남는 뿌리는 고아원이나 경로당으로 보낼 여유가 생기더군요."

그렇게 공곳이와의 인연이 50년을 넘기며 김씨의 허리는 활처럼 굽었고, 손바닥은 바윗돌만큼 단단해졌다.

공곶이 농원이 예쁘다 소문이 나며 찾는 이들이 많아졌다. 수선화가 만개할 때면 더 많은 이들이 찾아온다. 입장료를 받는 관광지가 아니다 보니 불편한 것이 많다. 화장실도 마땅치 않고, 물이나 음료수를 구할 데도 없다. 그래도 공곶이 순례객의 발걸음은 끊이질 않는다. 이곳을 찾을 때엔 꽃과 바다풍경을 조심스레 감상하고 흔적을 남기거나, 혹 꽃을 캐가거나, 아무데나 용변을 보신다거나, 돌담을 무너뜨리거나 하진 말아주시길 바란다. 공곶이는 자신의 운명을 믿고 50여 년 오로지 피와 땀, 맨손으로만 일궈낸 노부부의 낙원이다. 이젠 우리가 조금은 지켜주어야 하진 않을까.

+ 1박2일 추천코스

첫날　오후 거제 도착 → 해금강, 도장포, 신선대 등 둘러보기 → 외포에서 멸치회 저녁식사 후 숙박

다음날　공곶이 탐방 후 귀경

+ 가는 길

부산역까지 KTX를 타고 가 역에서 렌트카를 대여하면 부산-거제를 잇는 거가대교를 이용해 가장 빨리 거제에 이를 수 있다. 거제 장승포를 지나 섬의 동쪽 해안도로를 타고 계속 남하하다 구조라리 와현해수욕장으로 들어간다. '여구'란 곳이 공곶이로 가는 입구이며, 이곳에 차를 대고 50m가량 걸어 들어가야 한다.

+ 음식/숙박

대금산 아래 외포는 남해의 미조항, 부산 기장의 대변항과 함께 멸치 항구로 유명한 곳이다. 벚꽃이 필 무렵 봄멸(봄멸치)철도 시작된다. 작은 몸집에 남해 바다의 싱싱한 봄기운을 가득 담고 있어 집 채 만한 고래가 부럽지 않다. 외포의 여러 횟집에서 싱싱한 멸치회를 내놓는다. 멸치회는 미나리와 양배추, 깻잎, 당근, 상추 등을 넣고 매콤한 초고추장에 무쳐 먹는 맛이 일품이다.

외포 '양지바위식당(055.635.4327)'이 현지인들이 추천하는 맛집이다. 멸치를 방풍, 원추리, 머위, 두릅, 세발나물 등 봄나물에 싸 먹는 게 특징이다. 봄나물과 봄멸의 궁합이 환상이다.

해금강 신선대 주변에는 바지락죽으로 최근 유명세를 얻은 '명인 바지락죽(055.632.7620)' 집이 있다. 쌀, 녹두, 바지락, 표고, 당근, 인삼을 갈아 넣고 수삼을 고명으로 얹어 바지락죽을 낸다. 전날 싱싱한 횟감에 거나하게 술을 드셨다면 아침 해장메뉴로 딱이다. 죽에 따라 나오는 정갈한 밑반찬도 인상적이다. 사과 발효식초를 사용해 빨갛게 무쳐낸 바지락 무침도 식욕을 당긴다.

신선대 인근의 지중해풍 호텔 '블루마우리조트(www.bluemauresort.com)'는 시설이 깨끗하고, 주변 경관이 좋다.

+ 여행 팁

4월의 거제는 섬 전체가 꽃밭이다. 가로수 상당수가 동백 아니면 벚나무다. 새빨간 동백꽃이 나뭇가지와 길바닥을 붉게 물들이고, 하얀 벚꽃 잎이 흐드러지게 펼쳐진다. 거제의 벚꽃터널은 학동고개에서 제대로 만끽할 수 있다. 거제의 대금산(437m)은 진달래로 산 전체가 붉게 달아오른다. 산 정상이 더욱 짙다. 붉은 진달래군락과 바다를 함께 감상할 수 있어 좋다.

해금강 가는 길의 신선대 주변엔 유채꽃이 아름답다. 노란 유채꽃과 쪽빛 바다가 어우러져 멋진 풍광을 이뤄 낸다.

멸치회무침.

마지막 성냥공장,
불꽃 하나의 소중함을
피운다

기억을 더듬어 보면 우리네 부엌 석유 곤로 옆에는 언제나 큼직한 성냥통이 있었고, 다방의 테이블엔 누군가를 기다리며 하나 둘 쌓아 올린 성냥탑들이 서있었다. 담배를 피우지 않는 여학생들도 카페에서 내놓는 성냥갑이 예뻐 취미로 하나 둘 서랍 속에 모아두곤 했는데 어느새 성냥이 우리 곁에서 사라졌다.

우리나라에 성냥공장이 처음 지어진 곳은 1885
년 서울의 양화진楊花津, 지금의 마포구 합정동
한강 부근에 있던 나루라고 한다. 그 이듬해 인
천 제물포에 성냥공장이 지어졌다는 기록도 있
다. 1916년 인천 금곡동에 세워진 '조선인촌주
식회사'는 제법 큰 공장이었다. 신의주에 제재
소를 짓고 그곳의 목재를 날라다 성냥을 만들
었다고 한다. 신의주와 평양에도 공장을 두었다
니 당시의 성냥은 간단한 산업이 아니었다.

이후 성냥공장은 우후죽순처럼 생겨났고,
1970년대 최고 전성기를 이루었다. 하지만 80
년대 중국의 값싼 성냥이 들어오고 일회용 라
이터의 등장으로 성냥의 불꽃은 더 오래 타오
르지 못했다. 지금 국내에 남은 성냥공장은 경
북 의성에 있는 '성광성냥공업사'가 유일하다.
세상이 어수선하여 싸한 마음에 따뜻한 불씨
하나 얻으러, 하나 남은 그 성냥공장으로 향했다.

국내 유일하게 남은 성냥공장인 의성
성광성냥공업사(위)와 그곳에서 만들고 있는
덕용성냥(아래).

의성읍 의성향교 바로 옆에 있는 성냥공장은 꽤나 넓었다. 슬레이트 지
붕을 인 건물이 대여섯 채다. 마당 한쪽엔 성냥개비 재료로 쓸 통나무가 쌓
여 있다. 성냥공장은 크게 나무를 잘게 쪼개 성냥개비를 만드는 공간, 그 성
냥개비에 유황과 인을 입히는 공간, 완성된 성냥개비를 통성냥이나 판촉 성
냥갑에 포장하는 공간으로 나뉜다.

성냥개비의 목재는 포플러 나무만 사용된다. 성광성냥의 손학인(44) 상

무는 "1970~80년대 가로수로 쉽게 봐왔던 포플러 나무는 대부분 성냥공장에서 심은 것들이다"고 했다. 과거 성냥공장의 경쟁이 치열할 때는 목재 확보가 사업 성공의 관건이었다. 성냥공장들이 나서서 포플러를 심었고, 그걸 베어다 성냥을 만들었다. 쭉쭉 뻗은 포플러는 잘 마르고 가벼운데다 10년만 키워도 충분히 쓸만한 크기로 자란다. 지금은 생산량이 크게 줄어 일부러 포플러를 심지 않는다. 손 상무는 "전국의 그 많던 포플러 나무가 거의 사라진 건 성냥공장의 쇠퇴와 연관이 있다"고 말했다.

통나무는 건조작업을 거쳐 홍두깨 굵기의 원통으로 잘려진다. 이걸 얇게 깎아 종이처럼 2.2mm 두께로 편 다음 잘게 채 썰어 성냥개비를 만든

잘 말린 나무를 홍두깨 굵기로 잘라내 이를 두꺼운 종이처럼 얇게 밀어놓은 뒤 잘게 썰어 성냥개비를 만든다.

성냥공장의 윤전기 제어장치(위)와 포장의 마무리 단계에 있는 성냥들(아래).

경북 의성군 의성읍 성냥공장

다. 다음 건물에선 성냥개비에 인과 황 등을 혼합한 액을 바른다. 자동으로 혼합액을 바르는 기계가 윤전기다. 신문을 찍어내는 윤전기와 생김새도 비슷하다. 공장에는 이런 윤전기가 한 대 더 있었는데 몇 년 전 방글라데시로 팔아 넘겼다. 두 대를 돌릴 만큼 수요가 없어서다. 이들 기계는 모두 국산으로 주문 생산한 것들이다.

한창 잘나갈 때 공장엔 250명이 넘는 인부들이 일을 했다. 의성읍내에 성냥갑 제조 등 성광성냥의 부속공장만 6개가 더 있었다. 성광성냥이 의성에서 가장 큰 사업체였을 때 이야기다. 읍내 500명 이상이 성냥 때문에 돈을 벌었던 시절이다. 지금은 고작 9명만 일을 한다. 노래가사처럼 인천의 성냥공장엔 아가씨들이 많았을지 모르지만 이곳엔 50대 이상의 아주머니 7명과 아저씨 2명이 일을 맡아 하고 있다. 인원이 적다 보니 일도 분업이 아닌 공동작업이다. 하루는 나무만 쪼개고, 또 하루는 인과 황만 입히고, 그 다음날은 함께 성냥을 포장한다.

성광성냥에서 나온 성냥의 브랜드는 '향로'다. 예전 성냥공장들은 소주처럼 서로 지역을 나눴다. '유엔성냥'은 서울과 경기, '비사표'는 호남과 충청지역을, '영화인촌'은 강원과 충북의 북부지역이 주 판로였고, '향로'는 경북지역과 함께 부산에서 강원 고성까지의 바닷가가 대상이었다. 뱃사람들에겐 습기에 강한 이곳 성냥이 필수였다고 한다. 손 상무는 "인과 황의 혼합액엔 11가지 재료가 들어가는데 부친에게 전수받은 비법으로 재료의 배합비율을 적용, 특히 습기에 강한 성냥을 만든다"고 했다. 성광성냥 상표에 있는 청둥오리 이미지도 뱃사람이 좋아해서 그려 넣은 것으로 배 가라앉지 말라는 뜻을 가지고 있다.

손 상무는 성냥공장 말고도 대구에서 광고기획사를 운영한다. 광고용

성냥을 위해 시작한 디자인 사업인데, 성냥공장의 적자를 메우기 위해 지금은 다른 판촉·홍보물을 제작하고 있다. 손 상무는 "기획사에서 번 돈으로 아주머니들 월급을 보충해준다"고 했다.

마지막 성냥공장의 운명도 바람 앞의 성냥불만큼이나 아슬아슬하다. 사명감과 명맥을 잇기 위해 버텨보려 하지만 쉽지 않다. 손 상무는 "국내 유일의 성냥공장 시설을 아이들 체험공간이나 성냥박물관 같은 전시공간으로 활용했으면 해서 여러 번 도움을 요청했지만 관에선 들을 생각도 하지 않는다"며 아쉬워했다.

| 구수한 장날, 의성장과 탑리로의 복고여행 |

마지막 성냥공장을 간직하고 있는 의성 땅엔 시간을 붙들어 맨 또 다른 풍경들이 가득하다. 만일 2·7일 장날이 열리는 때 의성을 들렀다면 의성장터를 그냥 지나치지 말자. 의성전통시장을 중심으로 풍성한 장터가 펼쳐진다.

시장의 볕 좋은 골목엔 묘목상들이 담벼락에 묘목들을 기대 늘어뜨려 놓고 손님을 기다리고, 할머니들이 좌판 위에 과일 채소 한 묶음씩 올려놓고 해바라기를 하고 있다. 시장통 안 커다란 잉어와 붕어가 들어 있는 물통 앞에선 어린 아이와 상인 사이에 재미난 신경전이 펼쳐졌다. 신기하게 쳐다보는 아이에게 상인은 "한번 쳐다보는데 100원이다. 너는 두 번 쳐다봤으니 200원 내야 한다. 돈 있나? 없음 보지마라"라며 다그친다. 아이는 제 엄마를 애원의 눈빛으로 쳐다보지만 부모는 "내 돈 없다. 니가 알아서 해라"며 싱긋 웃는다.

의성 장날, 물고기 좌판 앞에서 상인과 구경하던 어린 아이 사이에 재미난 신경전이 벌어졌다.

경북 의성군 의성읍 성냥공장

별 좋은 장터 골목엔 묘목들이 가지런히 정리돼 손님을 기다리고 있다.

뻥튀기가 펑펑 폭죽을 튀겨내고, 의성장날에서만 맛볼 수 있다는 '연탄불 닭발석쇠구이'의 굽는 연기가 시장 지붕 위로 퍼져 오른다. 감기만 하면 머리가 까매진다며 염색약을 파는 상인, 직접 쑤어온 묵을 들고와 썰어 내놓는 아낙도 시장의 활기를 돋운다. 시장 입구 철공소 앞에는 빈 의자 9개가 줄지어 놓여 있다. 장보러 온 이들 잠시 쉬었다 가라는 배려일 것이다. 구경할 게 많은 장날이라 빈 의자엔 따뜻한 봄볕만 가득 내려앉았다.

의성 금성면에는 우리 나라에서 가장 오래된 사화산이라는 금성산^{531m}이다. 그 산에서 뿜어져 나온 화산재를 양분 삼아 자라는 것이 유명한 '의성 육쪽마늘'이다. 금성면의 중심 마을인 탑리는 마치 드라마 세트장에 온 듯

멈춘 시간을 만난 듯한 탑리 마을의 예스러운 간판들이 정겹다.

한 착각을 불러일으키는 곳이다. 단층 건물이 늘어선 동네의 세탁소·미용실·사진관 등 삐뚤빼뚤한 글씨의 간판들이 그리 정겨울 수 없다.

탑리의 중심엔 국보 제77호인 탑리 오층석탑이 있다. 탑리 오층석탑은 화강암으로 만들어졌으면서도 벽돌탑인 전탑의 수법을 모방하고 또 목조 건축의 양식도 띠고 있어 우리나라의 석탑 양식의 변화를 살피는데 매우 중요한 문화재다. 첫눈에 "참 잘생겼다"는 말이 저절로 나온다. 탑에는 황톳빛 시간의 색이 곱게 내려앉아 있다. 여학교 옆에 홀로 선 탑은 여학생들의 생기발랄한 수다 소리를 들으며 외로움을 달랜다. 이 탑은 천 년이 넘는 동안 얼마나 많은 노래와 이야기를 듣고 서있었을까.

국보인 탑리오층석탑은 빼어난 균형미를 자랑한다.

경북 의성군 의성읍 성냥공장

+1박2일 추천코스
첫날　오전 고운사 도착 → 사찰 둘러보고 의성읍에서 점심 → 오후 장터와 성냥공장을 둘러보고 봉양에서 온천욕과 저녁식사 후 숙박
다음날　탑리 산운마을 제오리공룡발자국 돌아보고 귀경

+가는 길
성광성냥이 있는 의성읍이나 탑리 5층석탑이 있는 금성면으로 가려면 중앙고속도로 의성IC에서 나오는 게 빠르다.

+음식/숙박
의성은 마늘을 먹인 한우와 돼지로 유명하다. 봉양읍내에는 의성마늘한우를 싸게 먹을 수 있는 한우타운이 조성돼 있다. 축협판매점에서 직접 고기를 사서는 '이화숯불가든(054.832.2020)' 등 인근 13개 식당에서 상차림비(1인당 3,000원)만 내고 구워 먹을 수 있다. 의성읍내에 있는 '의성마늘농장(054.834.9292)'도 유명하다.
의성읍과 봉양읍에 숙박을 할 수 있는 모텔들이 여럿 있다.

+여행 팁
의성의 사곡면 화전리 일대는 전국에서 유명한 산수유마을이다. 3월 말부터 4월 초에는 봄빛보다 노란 산수유가 마을의 고샅과 개천을 따라 예쁘게 수놓는다.
의성IC 인근의 봉양에 있는 '탑산약수온천(054.833.5001)'에서 유황냉천을 즐기는 것도 좋다. 의성군청 새마을문화과(054.830.6356).

장터에 나온 무쇠솥.

장터의 뻥튀기.

성냥의 추억

틱, 틱, 츠윽. 치지지직.
코흘리개 때였다. 어른들 몰래 성냥을 들고 나가 담벼락 옆 연탄재
더미 위에서 불을 켜본다. 가냘픈 손목으로 그어댄 가냘픈 성냥개비는
부러지기 일쑤다. 마찰이 되는가 싶어도 불꽃은 쉬 일어나지 않았다. 그렇게
여러 개비를 분지르고 나서 마침내 노랗고 빨간 불꽃이 피어 올랐다.
맨 처음 내 손으로 불을 만들었던 그때의 감동이란. 결국 '홀라당 집
태워먹을 거냐'는 호된 꾸지람과 함께 집안으로 끌려들어가야 했지만 내게
첫 불을 건네준 성냥의 날카로운 기억을 지금도 잊을 수 없다.

청량산이 품은,
공기 좋고
살기 좋은 마을

두들마을에선 모든 것을 지게에 지고, 머리에 이고서 날라야만 했다. 바퀴가 달린 문명의 혜택은 어디서도 누릴 수 없었다. 산비탈이 평지보다 오히려 편안했던 아이들에게 공은 사치품이었다. 어쩌다 생긴 바람 빠진 공이라 할지라도 마당 둑으로 떨어져 버리면 비탈진 밭을 굴러 내려가면서 가속도가 붙어 더 멀리 튕겨져선 이내 계곡 숲으로 사라져 버렸다. 아이들은 눈 앞에서 사라지는 공을 속절없이 보고 있어야만 했다. 30~40년 전의 두들마을 이야기다.

경북 안동시 도산면 가송리에는 아름다운 고택이 있다. 농암聾巖 이현보 선생의 후손이 지키고 있는 농암종택이다. 농암의 17대 종손인 이성원씨가 지키고 있는 농암종택은 원래 도산서원 1km 아래인 분천리에 있었다. 안동댐 건설로 수몰되면서 종택의 유적·유물 등은 분천리와 안동 시내에 흩어졌다. 그 후 1996년 이씨가 이곳 도산면 가송리 올미재 마을에 새로운 터를 잡아 지금껏 종택과 서원 등을 복원해 놓은 것이다.

농암종택을 감싼 주변 풍경은 과연 「어부사漁父詞」를 쓰며 강호지락을 추구했던 농암의 터전답다. 낙동강 물줄기와 청량산에서 흘러온 산자락이 서로를 굽이치며, 희롱하는 절경 한가운데에 종택이 자리하고 있다. 종택 앞으로 휘돌아 흐르는 낙동강은 강의 원형을 간직하고 있다. 백사장이 있고, 소가 있고, 물 안에는 눈부신 바위들이 솟구쳐 있다. 종택 옆 강 길은 '녀던 길'이란 이름을 가지고 있다. 지금껏 안동에 가장 깊고 긴 그림자를 드리우고 있는 퇴계退溪 이황의 자취가 서린 길이다. 도산서원陶山書院에 계시던 퇴계는 이 길로 청량산을 자주 다니셨다. 청량산은 퇴계가 유독 사랑했던 아름다운 산이다.

농암종택의 종손이 청량산에 깃든 아름다운 오지마을을 추천해 함께 오르기로 했다. 그 마을의 이름은 '두들마을'이다. 이씨가 직접 길을 안내했다. 청량산 도립공원 입구를 지나 얼마 안가 첫 번째 청량산 등산로 입구에 주차했다. 산길은 포장됐지만 경사가 만만치 않았다. 차로 오르기 보단 차라리 걸어서 오르는 게 마음 편해 보였다. 청량산의 맑은 가을을 들이마시며 천천히 걸어 올랐다.

휘휘 도는 산길을 타고 30분을 올랐을까. '하늘다리 1.5km' 이정표 있는 곳에서 이번엔 돌계단으로 길을 바꿨다. 계단을 오르느라 숨이 차기 시

농암종택의 긍구당(위)은 청량산이 바라보이는 낙동강 물줄기(아래) 옆에 자리잡고 있다.

작할 즈음 두런두런 사람들의 이야기 소리가 들려왔다. 허름한 농가 몇 채 몰려 있는 '새미터' 혹은 '물둠벙'이라 불리는 곳으로 '샘 밑의 동네'란 뜻이다. 이 마을 바로 아래에 있는 또 다른 촌락과 함께 '두들마을'로 불리고 있다. 포장길이 연결된 아랫마을과 달리 새미터는 여전히 지게 등짐이 아니고는 물건을 나를 수 없다. 이씨는 "아래 두들마을은 이곳 새미터에 비하면 도회지"라고 했다.

새미터엔 지금 두 가구만 살고 있다. 동네 어귀 첫 번째 집에서 김장수씨 내외를 만났다. 툇마루에 걸터앉아 해바라기를 하고 있던 김씨는 청량산에 들어온 지 50년이 넘었다고 했다. 청량정사에서 한 20년 머물다 지금의 새

두들마을의 텃밭은 이제 막 단풍이 드는 청량산의 육육봉을 가장 가까이서 올려다 볼 수 있는 곳이다.

경북 안동시 청량산 두들마을

두들마을의 새미터에서 만난 김장수씨 부부는 공기 좋고, 속이 편해 이곳에 산다고 했다.

미터에 둥지 튼 지 30년이 지났다. 육 남매 자식들은 다 이곳에서 성장해 도회지로 나가 자리를 잡았다. 세 칸짜리 김씨의 집 툇마루 위엔 내년에 심을 옥수수가 매달려 있고, 마당 한쪽엔 겨울을 날 땔감이 수북하게 쌓여 있다. 부엌엔 기름 칠해 닦아 놓은 커다란 가마솥과 그을음 가득한 아궁이, 불씨를 담는 화로 등 민속촌에서 보는 우리의 옛 풍경이 그대로 남아 있다. 김씨의 자녀들은 이 집에서 십 리를 걸어 봉화군 재산면으로 학교를 다녔다고 한다. 왜 내려가서 살지 않느냐는 질문에 김씨는 "아직 살만하다"며 씩 웃는다. 김씨의 부인 정경례씨가 말을 이었다.

"자식들도 이젠 고집 그만 부리고 내려오라 하지만 공기 좋고 복장속 편한 이 곳을 떠나기 싫어요."

집들을 지나 산비탈로 나서니 김씨 부부와 이웃 심씨 부부가 가꾸는 밭들이 나타났다. 족히 40도는 더 되어 보이는 경사진 비탈에 고추·배추·들깨 등을 심은 조그마한 밭들이 옹기종기 붙어 있다. 어떤 밭은 채 한 평도 되지 않는 크기다. 가파른 벼랑의 밭들은 마치 설치미술을 보는 듯하다. 잘못 디디면 천길 낭떠러지기에 발끝에 온 신경을 곤두세워야 버틸 수 있다. 그렇게 청량산과 하나가 돼 버텨온 세월이다. 밭두렁 여기저기 대추나무가 서있고, 그 가지에는 길게 매달린 냄비뚜껑이나 양푼이 바람에 흔들리며 쇳소리를 내고 있다. 산짐승이나 날짐승을 쫓기 위해 내건 것이리라. 새미터 어르신들 외롭지 말라고 찌그러진 뚜껑이 바람과 희롱을 해대고 있다.

두들마을의 평지는 손바닥 만하지만 마을에서 바라보는 풍광은 장쾌하고 화려하다.

밭은 계속 이어졌다. 얼마나 더 펼쳐졌을까 따라 가보니 청량산 육육봉
六六峰이 눈 앞에 펼쳐졌다. 노랗고 하얀 들국화와 빨갛게 물든 이파리 너머
로 이제 수줍은 단풍이 내려앉기 시작한 봉우리들이 보인다. 자란봉과 선
학봉 사이 하늘다리의 모습은 선경이 따로 없을 정도다. 두들마을 어르신들
이 아픈 허리와 무릎을 두들겨 가면서도 마을을 떠나지 않으려는지 조금은
이해될 듯하다. 이 풍경을 또 어디서 얻는단 말인가.

고추밭 위의 차조밭엔 잘 익은 조가 버들잎 모양으로 뭉쳐져 축축 늘어
져 있다. 이씨는 "이런 조밭 풍경을 근 20년 만에 보는 것 같다"며 좋아했다.
암갈색 차조 알맹이들이 무리 지어 석양을 받아 황금색으로 반짝이고 있으
니 은빛 억새보다도 찬란하다. 이 분들 혹 떠나시고 나면 청량산의 조밭 풍
경이나 고추밭 풍경도 사라질 것이란 생각에 눈이 아프도록 새겨 넣었다.

경북 안동시 청량산 두들마을

차조밭의 차조가 주렁주렁 매달려 가을볕에 마르고 있다.

해거름이 짙어질 무렵 아래 두들마을을 향했다. 인기척이 있는 집들은 사람 손길로 반질거렸지만 많은 집들이 폐가로 방치됐다. 어떤 집은 지붕이 땅바닥에 그대로 처박히도록 폭삭 주저앉았다. 산비탈에 어울리지 않는 너른 마당이 있고, 그 마당 끝자락에 수백 년은 족히 넘었을 회화나무 한 그루가 마을의 랜드마크처럼 우뚝 솟아 있다. 마당 넓은 집에는 청량사와의 인연으로 이 마을에 찾아든 젊은 부부가 살고 있었다. 청량산은 그렇게 작은 마을을 품에 안았고, 마을은 청량산의 인연을 편안히 깃들게 했다. 햇덩이가 이제 막 서편 산봉우리 너머로 지려고 했다. 회화나무의 검은 그림자가 새미터 벼랑 밭까지 길게 드리웠다.

| 한폭의 수묵화인 청량산과 한국문화의 1번지 안동 도산면 |

두들마을이 깃든 청량산은 낙동강 상류에 그려진 한 폭의 수묵화 같은 산이다. 퇴계 이황은 이 산의 12개 봉우리를 '육육봉'이라 했다. 높고 크지는 않아도 연이어 솟은 바위 봉우리와 기암절벽이 어울려 예부터 '소금강'으로 불릴 만큼 산세가 수려하다. 청량산 열두 봉우리 한가운데 고혹적인 사찰이 들어앉았다. 구름이 산문을 열고 닫는다는 청량사淸凉寺다. 마치 봉우리들이 꽃잎이 돼 청량사를 꽃술 삼아 한데 감싸 안고 있는 연꽃 형상이다. 사찰 중심 건물인 유리보전은 화려하지도 그리 크지도 않지만 기품과 위엄이 있다. 유리보전 현판은 공민왕의 친필이고, 법당에는 종이로 만든 지불

인 약사여래불이 모셔져 있다.

청량사를 돌아 금탑봉 쪽으로 돌아 내려오는 길은 청량산 단풍 나들이의 하이라이트다. 봉우리들 사이로 청량사가 나왔다 들어가기를 반복한다. 시선을 떨군 풍경 한 컷 한 컷이 그림이고 예술이다. 청량산 아래 안동의 도산 지역은 '한국문화의 1번지'라고 자부하는 곳이다. 퇴계 이황의 정신이 그곳에서 피어났고, 여전히 웅숭깊은 향을 피워내고 있다. 중국 남송 때의 주희는 무이산에서 주자학성리학을 완성했다. 주자의 성리학을 이어받은 조선시대 선비들은 주희가 머물렀던 무이정사에서 서원의 모범을 찾았고, 「무이구곡가武夷九曲歌」를 읊으며 주자를 흠모했다. 퇴계는 이곳 도산에 도산서원을 열고 후학들과 연구하면서 주희를 생활의 모범으로 삼았다. 퇴계는 청량산에 대한 글을 모은 『오가산지吾家山誌』에서 청량산에서 낙동강을 따라가는

경북 안동시 청량산 두들마을

청량사는 구름이 산문을 열고 닫는다는 고혹적인 사찰이다.

절경들을 일러 '도산구곡 원림陶山九曲 園林'이라 노래를 불렀다.

안동 시내에서 도산서원을 가기 전 먼저 들릴 곳은 월천서당月川書堂이다. 동부리에서 오른쪽으로 꺾어 들어가는 구불구불 길의 끝에 마을이 하나 걸려 있다. 마을의 안동호가 넓게 보이는 언덕에는 퇴계의 제자인 월천이 후학을 기르기 위해 세운 고즈넉한 서당 하나가 서있다. 서당 앞에는 300년은 족히 넘었을 은행나무가 서있다. 툇마루에 앉아 있으면 서당 문 너머로 보이는 안동호가 한없이 고요하게 다가온다.

도산서원은 퇴계종택과 함께 도산에 짙게 드리운 퇴계 문화의 상징이다. 서원 문턱을 넘으면 농운정사·하고직사·도산서당·동재·서재를 거쳐 전교당에 이른다. 전교당에 걸린 '도산서원'의 현판은 한석봉의 글씨다. 도산서원에서 나와 구불구불 고갯길을 넘어가면 퇴계의 종택과 묘소가 있는

토계리다. 이 길을 좀 더 달리면 원천리, 퇴계의 14대손이자 저항 시인인 이육사가 태어난 곳이다. '이 마을 전설이 주저리 주저리 열리고/먼 데 하늘 꿈꾸며/알알이 들어와 박혀' 청포도가 익는다는 그의 고향이다. 마을 한쪽에 이육사문학관이 조성됐다.

도산의 왕모산은 고려 공민왕이 홍건적난 때 자신의 어머니를 피신시켰던 곳이다. 이곳에는 공민왕의 어머니를 신으로 모신 왕모당이 있어 매년 정월 보름이면 주민들이 당제를 지낸다고 한다. 왕모산성의 안내판에는 산성의 전체 길이가 360m를 넘었는데 현재는 50m만 남았다고 적혀 있다. 하지만 나무가 우거져 산성의 흔적을 찾기는 쉽지 않다. 그래도 왕모산성을 찾아가길 권하는 이유는 산성 오르는 길에 내려다 보이는 풍광 때문이다. 금빛 들판을 유유히 휘돌아 나가는 낙동강의 물돌이가 장관이다.

+ 1박2일 추천코스

첫날 청량산 도립공원 앞 식당에서 점심 → 오후 청량산 등반, 두들마을 구경 후 농암종택서 숙박

다음날 도산온천 온천욕, 도산서원 관람 → 하회마을에서 점심 후 하회마을 관람, 병산서원 둘러본 후 귀경

+ 가는 길

중앙고속도로 풍기IC에서 나와 36번 국도를 타고 동진과 봉화를 거쳐 봉성을 지나면 청량산도립공원에 이른다.

+ 음식/숙박

청량산 인근 명호면 북곡리에 있는 '청산농원(054.672.1463)'은 토종닭과 함께 흑염소 요리를 잘한다. 봉화 봉성면의 돼지숯불구이 단지도 돼지고기를 저렴하고 맛나게 즐길 수 있는 곳이다.

청량산 입구에 여러 모텔과 펜션, 식당들이 들어선 관광단지가 조성돼 있다. '농암종택(054.843.1202, www.nongam.com)'에선 하룻밤 종택 체험이 가능하다. 주말 예약은 서둘러야 한다.

+ 여행 팁

청량산 산행의 출발점은 청량폭포와 선학정, 입석 등 3곳이다. 이중 청량사를 지나기 위해서는 선학정이나 입석으로 올라가야 한다. 두들마을로 향할 때는 청량폭포에서 오른다.

도산서원은 도산에 짙게 드리운 퇴계 문화의 상징이다.

섬과 섬을 잇는 노둣길, 희망을 잇는 노둣길

섬은 그리움. 섬은 동경이다. 바다로 사방이 막힌 작은 땅덩이, 섬은 곧 단절을 의미한다. 바다 건너편 또 다른 섬이나 뭍이 보일 때 간절함은 더욱 커진다. 닿고 싶고, 가서 어루만지고 싶다. 저 땅 위에 발을 디디고 몸을 부벼 저 곳과 하나가 되고 싶다.

전남 신안에 '병풍도屛風島'란 섬이 있다. 부안의 채석강처럼 층층의 바위 절
벽이 섬의 한 쪽을 두르고 있어 '병풍'이란 이름을 얻고 있는 섬이다. 이 병
풍도가 주변의 섬들을 잇고 있는 노둣길은 6개나 된다. 전국에서 가장 많은
섬과 가장 많은 노둣길이 이어진 곳이다. 가장 큰 병풍도에서 시작된 노둣
길은 대기점도·소기점도·소악도·보기도·신추도를 잇는다.

병풍도에서 가장 긴 1km길이의 노둣길을 바라보는 언덕에 앉아 지금의
포장길이 아닌 돌 하나씩 밟고 지났을 옛 징검다리 노둣길을 그려본다. '언
제부터 노둣길이 있었냐?'는 물음에 마을 분들은 막연히 "조상님 때부터"
라고 했다. 몇 백년이 넘은 바닷길이다. 차가 다닐 수 있게 된 것은 불과 얼

관광객 등 외지인이 많지 않은 병풍도는 언제나 고즈넉하다.

전남 신안군 증도면 병풍도

마 되지 않았다. 처음엔 방석만하고 머리통만한 돌들을 이고 지고 날라 한 뼘씩 그 길을 이었을 것이다.

주민들은 삐뚤빼뚤하고 미끌거리는 징검다리를 건너 다녔다. 지게 진 짐 꾼도 건넜고, 곡식을 실은 황소도 지났다. 새색시 꽃가마도, 북망산천 가는 꽃상여도 이 노둣길을 지나야 했다. 새색시 꽃가마가 뒤뚱거리며 지날 땐 가 마 속 신부는 혼인 이후의 삶에 대한 불안보다 지금 당장의 휘청거리는 가 마의 안전이 더 걱정스러웠을 것이다. 아니 이 멀미 나는 혼삿길에서 앞으 로 펼쳐질 섬 아낙으로의 지난한 고생길을 예감했을지도 모른다. 일년에 한 번씩은 마을 주민 모두 모여 노두 뒤집기를 해야 했다. 이끼가 껴 미끄러워 진 돌을 뒤집어 박는 일이다. 힘겨운 노동의 현장이지만 전체가 함께 모여 하는 일이라 그날은 마을의 축제와도 같은 날이었다. 섬과 섬을 잇는 그들 의 희망을 닦는 일이기에 그렇다.

노둣길은 하루 두 번 뚫리고 또 두 번 물에 잠긴다. 조금때면 물이 조 금 덜 들어오고, 사리때면 물이 더 많이 들어오지만 물이 들어오는 시간은 매번 다르다. 섬의 아이들이 학교 다닐 땐 물때가 곧 등교시간이었다. 컴컴 한 새벽에도 집을 나서야 했고, 컴컴한 밤중에 집에 돌아오기도 했다. 그런 많은 이야기를 담은 징검다리 노두징검다리는 이제 시멘트 포장길이 됐고, 조 금·한물·두물·세물·네물의 물때 까지는 항시 차가 다닐 수 있을 만큼 길 도 높아졌다.

병풍도로 가는 배는 봄볕 가득한 신안의 바다로 나갔다. 봄안개 낮게 드리운 바다는 호수보다도 고요했고, 안개에 둘러싸인 섬들은 스스로 수묵 화를 그려내고 있다. 두어 개 섬을 거친 배는 1시간 만에 병풍도에 도착했 다. 제일 먼저 물때를 살폈다. 썰물이 정점을 찍고 이제 조금씩 물이 들어오

신추도와 병풍도를 잇는 S라인의 노둣길.

기 시작했단다. 서둘러 노둣길의 끝까지 가보기로 했다. 병풍도 선착장을 출발해 가장 남쪽의 소악도로 향했다. 병풍도에서 처음 만나는 노둣길은 대기점도를 잇는 1km 길이의 방조제 같은 길이다. 예전 징검다리였을 때에는 덜 깊고 좀더 단단한 데를 골라 돌을 얹다 보니 길은 이리 휘고 저리 굽었을 것이다. 하지만 콘크리트 새 길은 방조제처럼 반듯하다. 방조제와 다른 건 중간중간 길 밑으로 양쪽의 뻘을 잇는 물길이 뚫려 있다는 것과 물이 많이 차면 잠긴다는 것이다.

나른한 봄 햇살을 맞으며 노두를 건너고 다시 대기점도를 가로질러선 소기점도를 잇는 또 다른 노둣길을 넘었다. 또 두 번의 노둣길을 건너 소악도 선착장에 이르렀지만 더는 남쪽으로 길이 연결되지 않았다. 소악도 선착장 반대편엔 작고 아늑한 백사장이 있다. 관광지가 아니어서 조용히 호젓한 여유를 즐길 수 있는 곳이다. 병풍도의 이름을 잇게 한 절벽을 가보고 싶었지만 길이 닿지 않는단다. 배를 타고 나가 바다에서만 볼 수 있는 풍경이다.

노두가 잇는 섬들을 하나씩 건너 다니며 봄빛 가득 담은 섬 분위기에 취한다. 갯벌에선 이제 막 뻘 밖으로 고개를 내밀기 시작한 낙지를 잡는 어르신이 서성였고, 허리 굽혀 굴을 캐는 아주머니도 계셨다. 김 양식장의 장대는 대나무밭처럼 빼곡하게 바다를 메웠고, 이제 막 소금질을 시작한 염전에선 봄 햇살을 담은 작은 소금 결정들이 맺히기 시작했다. 한겨울 뻘 위에 초록 융단을 덮었을 감태는 이제 실타래처럼 긴 흔적만 몇 가닥 늘어뜨리고 있다.

| 희망을 잇는 노둣길, 희망을 품은 병풍도 사람들 |

노둣길이 희망을 잇는 길이라서일까. 병풍도·소악도에서 봄볕만큼 따뜻한 희망을 품은 이들을 만날 수 있었다. 병풍도의 섬들이 노둣길로 연결될 수 있었던 건 바다 가득 뻘이 있어서다. 물때에 따라 하루 2번 이상 모습을 드러내니 절반은 뭍이라고도 할 수 있다. 이 청정 뻘의 바다를 품은 병풍도·대기점도·소기점도, 소악도 주민들은 염전과 김양식이 주 수입원이다. 전체 주민들은 300여 명 중 노둣길이 잇는 제일 남쪽의 소악도에는 13가구가 산다.

소악도 선착장 인근에 김공장이 있어 문을 두드렸다. 소악도 토박이인 김양운씨가 운영하는 공장이다. 소악도는 신안에서도 김양식을 일찍 시작했던 섬이다. 예전엔 돈도 잘 돌았다. 1970~80년대에는 산지 도매가가 톳김 100장 당 7,000~8,000원이지만 지금은 톳당 4,000~5,000원이라고 한다. 물가는 수 십 배 올랐지만 가격은 더 떨어졌다. 소악도가 고향인 김씨는 "부모님이 김농사를 져 그 덕에 학교를 다녔는데, 나도 김농사로 아이들 학교를 보낸다"고 했다. 병풍도, 기점도, 소악도 통틀어 김을 양식하는 집은 모두 12가구이다. 김공장은 예전엔 8곳이 있었는데 지금은 2곳만 운영되고 있다. 이들은 2년 전부터 '친환경 김농사'에 매진하고 있다. 김의 새로운 활로를 찾기 위해 시작했다는 김씨는 "남들 안 할 때 시작하면 비전이 있겠다 싶었다"고 했다. 하지만 쉽지 않았다. 힘은 배로 들었지만 소득은 크게 줄었다. 군청에선 더 버텨보라지만 힘겨운 싸움이었다.

김씨가 김에 대한 잘못된 상식 하나를 일러줬다. 김과 파래는 서로 상극이라 절대 적정 비율로 공존할 수 없어 파래가 섞였다고 꼭 좋은 김은 아니라고 했다. 파래 섞인 김은 약을 안친 김이란 생각이 틀렸다는 이야기다. 김씨가 건네준 김을 한 장 찢어 맛을 보았다. 김이 유독 달았다. 왜 그러냐 했더니 뻘 때문이란다. 그러

소악도의 김공장.

고 보니 인근 섬인 임자도·증도·압해도 등 신안의 바다서 잡히는 숭어·낙지·민어 등 많은 수산물의 맛이 유독 달았다. 미네랄이 많은 뻘물을 먹고 자란 김도 그래서 단것이란다.

소악도에서 돌아 나오는 길 작은 학교가 눈에 띄었다. 증도초등학교 소악분교다. 커다란 동백 2그루가 굽어보고 있는 작은 운동장과 계단식 화단이 깨끗하고 곱게 단장됐다. 폐교일거라 지레짐작하고 들린 학교엔 학생과 선생님이 계셨다. 6학년 김에덴 양이 단 한 분의 스승인 남성숙 선생님과 교실에서 공부를 하고 있었다. 선생님은 "우리 에덴이는 소악도의 희망이자 꿈나무"라고 했다. "얼마나 예쁜지 몰라요. 속도 깊고 넓어요" 제자 자랑이 쉬

학생 1명, 선생님 1명뿐인 소악도의 초등학교.

끊이질 않는다. 에덴 양이 6학년인데 내년 새로 들어올 학생이 있겠느냐 물으니 1명 정도 있을 것 같다고 한다. 바다를 정원으로 삼은 이 예쁜 분교가 문을 닫지 않을 수 있어 다행이다.

관사서 생활하는 선생님은 손수 화단에 상추며 배추 등 여러 채소를 키우고 있었다. 모처럼 찾은 손님이라며 상추를 뜯어주겠다는 걸 한사코 사양하며 교정을 떠났다. 노둣길이 잇는 병풍도에 증도초교 병풍분교가 하나 더 있다. 그곳엔 14명의 학생과 3명의 선생님이 계신다고 한다.

병풍도와 대기점도를 잇는 노둣길을 지날 때 길 옆에서 굴을 캐고 있던 할머니 앞에 멈춰섰다. 할머니의 자세가 영 불안해 보였다. 무릎은 쭉 펴고 허리를 거의 180도 숙여 뻘을 뒤적거린다. 인사를 건넸더니 할머니 잠시 고개를 들어 인사를 한다. 아니 그렇게 허리를 굽히면 힘들지 않느냐 물었더니 무릎이 아파 쪼그려 앉지를 못해 그렇단다. 뻘에 맞춰 노둣돌이 놓아지듯 몸에 맞춰 할머니도 몸을 구부리신다.

소악도가 맨 아래 섬이라면 신추도는 제일 위에 있는 섬이다. 신추도와 보기도를 잇는 노둣길은 짧지만 가장 예쁜 길이다. 일직선이 아닌 S자로 휘어진 모양 때문이다. 그 노둣길을 건너 만나는 염전은 보통의 염전과 달랐다. 규모는 크지 않았지만 첫 눈에 깔끔하단 느낌이다. 파란 하늘을 이고 있는 초록색 칠한 소금 창고가 인상적이다. 염전과 수로를 잇는 바닥은 흙이 드러나지 않도록 깔끔한 천으로 덮여 있다. 신추염전의 박두월 사장은 "염전을 공원처럼 꾸미고 있다"고 했다. 신안 소금이 좋은 지 이젠 많은 이들이

공원 같이 깨끗한 염전으로의 변화를 통해 새 희망을 꿈꾸고 있는 신추염전.

알게 됐다. 신안의 다른 섬엔 대기업이 달려들어 천일염 사업에 뛰어든다고 한다. 박사장은 "경쟁력을 갖추기 위해서다. 정말 깨끗한 소금을 생산하기 위해 염전을 우선 깔끔하게 단장하고 있다"고 했다. 염전의 통로에 리조트 부두를 연상케 하는 나무판을 널찍하게 깔았고, 염전 곳곳에 커다란 나무 화분을 조성하고 꽃나무를 심었다.

박 사장은 "택배로 소금을 받는 손님들을 초청해 소금이 얼마나 깨끗하게 생산되고 있음을 알려줄 것이다"고 했다. 신추소금은 주문이 들어오면 돈 받기 전 소금을 먼저 보내준다. 맛을 보고 입금하라는 자신감이다. 박 사장은 "그래도 돈은 다 보내준다"고 했다. 신추염전(061.246.2342).

첫날　오후 목포도착 후 목포에서 숙박
다음날　이른 아침 병풍도행 → 노둣길 잇는 4개 섬 둘러보기 → 오후 목포로 나와 귀경

+ 가는 길

병풍도로 가는 배는 전남 신안군 압해도 송공항이나 무안군 운남면의 신월항에서 병풍도로 가는 '더존페리'호를 탈 수 있다. 배엔 차도 실을 수 있다. 관광지로 유명해진 증도에서도 배가 다녔는데 최근 적자노선이란 이유로 운항이 중지됐다.

송공항에서 오전 6시 출발하는 배를 타면 병풍도에 오전 7시 10분에 도착한다. 신월항에선 오전 8시 10분에 출발, 병풍도에 오전 8시 55분에 도착한다. 송공항에서 다음에 뜨는 배는 오전 11시다. 병풍도에 오전 11시 50분에 도착했다가 바로 송공항으로 되돌아온다. 오후 배는 송공항 출발이 오후 3시다. 병풍도에서 나오려면 이 배를 타고 나와야 한다. 오후 4시 11분 병풍도에 도착하는 배를 타면 신월항으로 나갈 수 있고, 신월항에서 오는 오후 5시 55분 배를 타면 송공항으로 나갈 수 있다. 왕복 12,600원. 차량은 소형 1만5,000원, 중형 2만원(010.8578.3285).

+ 음식/숙박

병풍도 안의 숙박시설은 민박뿐이다. 증도면사무소 병풍도출장소(061.246.2472)에서 소개받을 수 있다. 섬에 식당은 따로 없다. 민박집에서 식사 가능하다.

+ 여행 팁

송공항이 있는 압해도는 신안군에서 가장 큰 섬이자 가장 많은 주민들이 살고 있는 섬이다. 목포시에 세들어 살던 신안군청도 이곳으로 신청사를 옮겼다. 2009년 육지와 잇는 다리가 연결돼 압해도 송공항까지는 바로 차가 들어갈 수 있다.

송공항 인근의 송공산에는 천사섬 분재공원이 있다. 병풍도로 가는 길 한 번 둘러볼 만하다. 각종 분재와 꽃밭 등 공원은 아기자기하게 꾸며져 있다. 공원의 최고 매력은 아름다운 바다를 함께 조망할 수 있는 조경이다.

병풍도 주변의 작은 섬.

병풍도의 지주식 김양식장.

그리움과
그리움을 잇는 길

섬들로 빼곡하게 들어찬 신안의 바다 밑은 거대한 뻘밭이다. 물이
빠지면 몇몇 섬과 섬들은 뻘로 연결된다. 섬사람들은 그 이웃의 섬들로 가기
위해 뻘 위에 징검다리를 놓았다. 그렇게 섬들은 서로를 이었다. 물 빠질 때만
건널 수 있는 이 징검다리를 '노둣길'이라 했다. 이 징검다리 노둣길이 후엔
차 한대 다닐 콘크리트 포장길이 됐다. 산길로 치면 수풀 우거진 오솔길이
신작로처럼 반듯하게 길이 난 것이다.

경북 봉화군 춘양읍 와선정
370년 동안 이어온
선비들의 이야기

경북 봉화군 춘양은 첩첩산중의 궁벽한 곳이다. 춘양읍에서도 한참을 농로를 따라 들어가면 아름드리 노송의 초록 그림자를 이고 있는 와선정을 만난다. 짙푸른 가지 사이로 정자에 모인 여러 어른들의 모습이 살짝 비추고 두런두런 소리가 들려온다. 보통은 비어있을 정자인데 무슨 모임이 열린걸까?

계곡을 건너는 오현교를 넘어 정자로 들어섰다. 창문을 들어 올려 계곡의 푸름을 그대로 들어앉힌 와선정臥仙亭 안에는 머리 하얀 십여 명의 어른들이 둘러앉아 고기를 구워가며, 이야기를 주거니 받거니 하며 술잔을 기울이고 있었다. 정자 밖에서도 많은 분들이 빙 둘러 음식과 얘기를 나누고 계셨다. 그러고 보니 중복中伏이었다. 시원한 정자로 복달임을 하러 나오셨나?

와선정 정자 옆에서 시원한 물줄기를 쏟아내는 은폭.

편안하게만 보이는 모임이지만 이야기를 들어보니 그 역사가 간단치 않다. 와선정 모임의 시작은 370여 년 전으로 거슬러 올라간다. 때는 1636년, 청이 조선 땅을 침탈한 병자호란이 일어났다. 많은 이들이 피란을 떠났고, 첩첩산중 오지 중의 오지인 봉화 땅으로도 올곧은 선비들 여럿이 발을 들였다. 굴욕적인 삼전도의 항복을 전해들은 여러 선비들은 청운의 꿈을 초야에 묻고 은둔을 선택했다.

그 중 잠은潛隱 강흡 선생과 두곡杜谷 홍우정 선생, 각금당覺今堂 심장세 선생, 포옹抱翁 정양 선생, 손우당遜愚堂 홍석 선생은 가깝게 교류하며 서로 정을 나눴다. 이들 다섯 선비는 지금의 와선정이 있는 와선대臥仙臺를 모임 장소로 삼고, 일년 중 좋은 날을 잡아 전체가 모이는 회합을 가졌다. 하얀 도포에 갓을 정갈히 갖춘 선비들이 정자 옆 '은폭銀瀑'이라 이름한 하얀 폭포를 바라보며 시를 짓고 글을 논했다. 시간이 흘러 정조 14년에 왕명으로 발간된 『존주록배신열전尊周錄陪臣列傳』이란 기록은 이들 다섯 선비를 '태백오현太白

백중날이면 여러 집안의 후손들이 모여 서로의 안부를 묻는다. 370여 년을 이어온 계모임이다.

五賢'이라 받들며 경의를 표했다.

　　오현의 모임은 그들 대에서 멈추지 않고 후손들로 이어졌다. 자손들은 돈을 모아 와선대에 정자를 짓고 '와선정별소계'를 조직, 대대로 조상의 덕을 기리기로 했다. 삼월삼짇날이나 단오에 모이던 계는 어느 때부턴가 매년 중복에 맞춰 모임을 이어나갔다. 정자에 오손도손 모여선 다섯 문중의 후손들은 오현의 덕을 추앙하며, 혈육보다 진한 정을 나누고 전통을 이어나갔다. 370여 년을 함께한 시간이다.

　　예전에야 의관을 갖추고 시를 읊던 모임이었지만 지금은 함께 식사를 나누고 더위를 식히며, 안부를 묻는 자리로 만족하고 있다. 하지만 조상을 기

한자리에 모인 어르신들이 환담을 나누고 있다.

리며 조상에게 욕되지 않도록 스스로를 다독이는 마음만은 변함이 없다. 문중에선 나이보다 서열이 먼저라지만 여러 가문이 모이다 보니 그저 서로 존대하고 지낸다. 많은 교류를 나누던 각 문중들은 집안끼리 혼사도 많이 이루어졌다. 집안에 큰 일이 생기면 서로 자기 일처럼 돕고 도움을 받았다.

이날 정자에 자리한 어른들은 저마다 선조들을 이야기하며 또 정자에 얽힌 많은 이야기를 풀어냈다. 억센 사투리에 어려운 한자말들이 오가느라 이해하긴 쉽지 않았다. 누군가 이제 와선정에 대한 책을 내야 하니 각 문중이 지니고 있는 자료 좀 취합하자고 제안하자 모두들 고개를 끄덕였다.

모임의 참석자들은 대부분 고령의 어르신들이다. 여든 넘으신 어른들도

경북 봉화군 춘양읍 와선정

여러분 자리를 지켰다. 하지만 여성은 한 명도 참석하지 않았다. 이날 모인 분들 중 가장 젊은(환갑 갓 지난) 강신황씨는 "예전엔 시회가 중심이다 보니 남자들만 모이게 됐고, 아녀자들은 참석 안하는 게 나름의 전통으로 굳어졌다"고 설명했다. 이날 모임도 젊은 축의 참석자들 몇이 아침부터 장을 봐 자리를 마련했다.

요즘은 3~4시간 안에 모임을 끝내지만 예전엔 3일 정도 함께 지내는 큰 행사였다고 한다. 홍준선씨는 "교통이 미비했던 시절 산골의 정자로 모여들어야 했으니 오는데 하루, 노는데 하루, 가는 데 하루가 걸렸다"고 했다. 당시 와선정 모임은 동네의 큰 잔치였다. 음식이 귀한 시절, 모임이 열리면 아랫마을 윗마을 사람들 죄다 불러 음식을 베풀며 조상의 덕을 나눴다.

자제분들은 참석 안하냐는 질문에 어르신들은 "나이 들면 오겠지. 대처大處에 나가 직장 다니는 젊은 이들이 쉽게 오겠어. 좀 지나 나이를 먹게 되면 저절로 조상도 챙겨보게 되고, 옛 것을 알려고 하게 될 것"이라고 답하셨다. 지금껏 지켜온 선비의 맥이 앞으로도 같은 시간만큼 이어지기를 어르신들은 조심스레 기대하고 있었다.

| 정자의 고향 봉화 |

은둔의 땅 경북 봉화는 정자의 고장이다. 봉화 땅 여기저기에 100개 가까운 정자가 터를 잡고 있다. 사라진 정자까지 합하면 170개가 넘는다고 하는데 이는 전국의 지자체 중 가장 많은 숫자다.

봉화의 많은 정자들 중 최고로 꼽는 곳은 봉화읍 닭실마을의 청암정靑巖亭이다. 닭실마을은 조선조 권문세가인 안동 권씨 일가의 집성촌이다. 마을의 지세가 닭이 알을 품고 있는 형상이라 '닭실마을'로 불린다. 조선 중

봉화 닭실마을의 충재 권벌 선생 종택에 있는 청암정은 거북을 빼다 박은 바위 위에 올라앉아 있다.

종 때 문신인 충재沖齋 권벌 선생을 정신적 지주로 삼아 지금도 120여 가구가 함께 모여 산다.

종택의 한쪽 가에 연못으로 둘러싸인 청암정靑巖亭이 있다. 기묘한 생김새의 거북 바위에 정자가 살포시 내려앉아 있다. 인공과 자연이 충돌하지 않고 서로를 보완하는, 최적의 조화가 만든 절경이다. 종택의 종손 권용철씨는 "담양군의 소쇄원瀟灑園과도 바꿀 수 없는 걸작"이라고 했다.

정자 한쪽엔 마루가 아닌 온돌이 깔렸었다고 한다. 겨울에 춥기 때문에 군불을 때야만 했다. 당시 불을 때면 자꾸 이상한 소리가 나 괴히 여기던 중에 이곳을 지나가던 한 스님이 거북이 등에 불을 지펴선 안 된다고 해 아궁이와 온돌을 없애버렸다는 전설이 전해진다.

청암정은 기가 강해 해가 어둑해질 무렵 정자에 앉아 있으면 머리 끝이 쭈뼛 서는 것을 느낄 수 있다고 한다. 종손의 아들 종목씨는 "밤에 혼자 정자에서 잠을 청해 봤지만 쿵쿵 소리가 나는 것 같고, 정자가 살아 꿈틀대는 것 같아 제대로 눈을 붙이지 못했다"고 경험을 털어 놓았다. 또 청암정은 손님을 맞거나 동네 어르신들이 책을 읽고 시회를 여는 장소로 활용됐다. 이곳으로 식사를 내오기는 했지만 술상이 차려지진 않았다고 한다. 연회나 술자리는 인근 석천계곡의 첫머리에 자리잡은 석천정사石泉精舍에서 이뤄졌다. 닭실마을을 끼고 흐르는 석천계곡은 맑은 물과 울창한 송림, 기암괴석으로 아름다운 곳이다.

청암정 앞에는 충재선생박물관이 있다. 원래 종택 마당에 있던 유물관을 옮겨 지은 것이다. 겉으로 보기엔 허름해 보여도 이 박물관이 소유한 유물은 보물급만 482점에 달한다. 한 집안의 유물이 아닌 조선의 역사를 담고 있는 박물관이다.

충재 집안은 춘양면에 한수정寒水亭이란 또 다른 아름다운 정자를 가지고 있다. '찬물과 같이 맑은 정신으로 공부하는 정자'라는 뜻으로 날렵한 팔작지붕의 정자를 연못이 3면으로 감싸고 있다.

봉화읍 초입의 도암정陶巖亭도 빼어난 건축미를 자랑한다. 정자 앞 너른 연못에는 수박만한 연꽃들이 만개해 있고, 동그란 인공섬에는 소나무 한 그루 곧게 뻗어 올랐다. 정자 오른편에는

충재 집안의 또 다른 정자인 한수정.

곱게 핀 연꽃 너머로 보이는 도암정.

커다랗고 둥글둥글한 3개의 바위가 모여 있다. 우애 좋은 삼형제를 모아 놓은 듯 정겨운 모습이다. 도암정 문이 열려 있어 정자 위로 올라섰다. 마루판 여기저기에 재떨이와 장기판 바둑판이 놓여져 있다. 지금도 편안한 쉼터로 주민들과 호흡하는 공간이다.

석천계곡과 겨룰만한 계곡으로 사미정계곡이 있다. 이 계곡의 초입에 있는 사미정四未亭도 꽤나 운치 있는 정자다.

도암정 옆 바위 삼형제.

경북 봉화군 춘양읍 와선정

닭실마을의 종택.

'오시오식당'의 돼지숯불구이.

대전 대덕구 계족산 황톳길
맨발의 행복,
맨발로 걸으며 느끼는
자유

맨발의 초대를 받았다. 대전에 있는 계족산이 둔탁한 등산화를 벗고 거추장스
러운 양말도 벗고 찾아오라 청했다. 맨 발바닥과 살갑게 부벼대고 싶다는 대지
의 간절한 손짓에 그만 발이 지남철에 끌리듯 그리로 향했다.

계족산420m은 대전시가지와 대청호 사이에 서있는 산봉우리다. 계족산엔 14km 길이의 맨발걷기 코스가 있다. 산 중턱에서 한 바퀴 도는 13km 길이의 임도와 그 임도까지 오르는 1km 구간에 부드러운 황토가 깔려 있다. 발바닥에 땅의 부드러움을 전해주기 위해 일부러 깔아 놓은 황토다.

장동삼림욕장 입구가 맨발 황톳길의 시작점이다. 길 입구에서 이 길을 만든 분을 만났다. 충청권 소주업체인 선양주조 조웅래 회장이 버선발도 아닌 맨발로 뛰어나와 반겼다. 맨발의 조 회장을 따라 산을 올랐다. 오르막인 등산로 초입에서 맨발은 조 회장뿐이었다. 성큼성큼 걸어가는 그에게 이 길에 얼마나 자주 오냐 물었다. 일주일에 못해도 다섯 번은 찾는단다. 그에게 이 길은 집무실이고 헬스장이고 사교장이다.

계족산 맨발황톳길은 조 회장의 아이디어로 시작돼 만들어진 길이다. 6년 전부터 이 길에 황토를 깔기 시작했다. 여름철 폭우가 쏟아지면 흙이 쓸려나가 또 새로 깔아야 하는 지난한 사업이지만 쉬지 않고 길을 가꿨다. 술장사를 하는 탓에 거의 매일같이 술자리가 있다는 그는 "아침 이 길을 찾아와 30분 가량 걸으면 지난 밤 마신 술이 다 깹니다. 그리고 나서 머리가 말짱해지면 이 생각 저 생각 사업 아이디어를 구상하죠. 맨발로 걷다 보면 머리가 비워지는 게 느껴지고, 과하고 불필요했던 것들을 덜어내고 나면 마음이 편안해지고, 덩달아 표정도 밝아집니다. 비웠으니 이젠 그 곳을 채울 새로운 아이디어도 많이 떠오르게 되나 봅니다"라 말하며 맨발 황톳길을 예찬했다. 손님도 이리 초청해 함께 걸으며 얘기를 나누면 색다른 경험에 다들 좋아한단다. 그는 회사 임원회의도 월 2회는 이 길에서 연다.

그와 이런저런 이야기를 나누다 보니 어느덧 숲 속 음악회장이 나왔다. 숲 속 나무 그늘 아래 벤치가 여럿 있는 공간이다. 길가에 신발 수십 여 켤

황톳길을 걷기 위해 벗어 놓은 신발이 길가 한쪽에 가지런히 놓여 있다.

레가 일렬로 놓여 있다. 맨발 순례객들이 벗어 놓은 것들이다. 조 회장은 누가 집어가지 않을 테니 안심하고 벗으란다. 그 신발 틈새에 신고 있던 등산화를 벗어 놓고는 벌건 황토에 맨발을 디뎠다.

신발, 양말을 떼어낸 발바닥이 땅과 호흡을 시작한다. 발바닥의 첫 느낌은 시원함이다. 하지만 단지 그것만으론 설명이 부족한, 어딘가 묘한 느낌이다. 황토 바닥은 서늘하면서도 부드러운 촉감이다. 발바닥은 의외로 예민했고, 황토의 땅바닥 느낌을 온전히 빨아들였다. 그 촉감이 신기해 이곳 저곳을 밟아보았다. 양지 바른 곳은 조금 따뜻하면서 건조했고, 꽃잎이 떨어진 꽃길에서는 아주 약간 미끄러운 듯한 꽃잎의 촉감을 느낄 수 있다. 날씨에 따라 습기에 따라 황톳길의 느낌은 달라진다.

계족산 순환 임도에 이르기 직전 한 무리의 아이들을 만났다. 대전시 수미초등학교 6학년 아이들이 단체로 맨발 소풍을 나왔다. 맨발로 뛰어다니는 아이들 얼굴이 오월의 햇살만큼이나 밝았다. 조 회장은 "흙길의 힘"이란다. 아스팔트 포장길에선 뛰려고 하지 않는 아이들이 황톳길에선 누가 권하지 않아도 맨발로 좋아라 뛰어다닌다고 했다.

드디어 순환로에 올랐다. 산을 한 바퀴 휘감는 13km의 순환로에는 경사가 거의 없다. 길 폭은 5m 가량으로 그 폭의 3분의 2 가량이 황토로 덮여 있다. 황톳길이 비가 오면 너무 질척거려 일부러 길 전체를 덮지 않았다고 한다. 황

소풍을 나온 아이들이 맨발로 황톳길을 걷고 있다.

계족산 황톳길 코스를 일러주는 선양주조 조웅래 회장.

토가 빗물을 타고 옆으로 점점 붉게 번져가는 모양이 곱다. 그 붉은 길 위에 산벚꽃이 손톱만한 하얀 꽃잎을 떨구었다. 걷지 않고 보기만 해도 황홀한 길이다. 매일 누가 빗자루 질을 해놓은 듯 길에는 발바닥을 아프게 할 작은 돌도 보이지 않는다.

나무 그늘 드리운 푹신한 황톳길을 계속 걷는다. 삼림욕이 더해져 걸을수록 몸은 상쾌해진다. 조 회장이 맨발길을 조성하게 된 건 6년 전 아주 우연한 기회에서였다. 계족산 산행을 즐기던 그는 어느 날 지인들과 함께 이곳을 찾았다. 일행 중 하이힐을 신고 있던 여자들에게 남자들이 신발을 벗어주고 양말만 신고 길을 걸었다. 당시 산길은 돌투성이의 거친 길이었다.

하지만 양말만 신고 걸으면서 그는 묘한 것을 느꼈다. 거친 돌길이라 발바닥은 아팠지만 머리가 아주 맑아졌다. 종아리와 허벅지에선 지렁이가 기어가는 듯한 기운이 스멀거렸고, 온 몸이 후끈해지는 느낌이 들었다. 굳었던 몸이 편안한 상태로 되찾아가는 느낌이 들었다.

"맨발 걷기의 큰 장애물은 두 가지입니다. 하나는 남의 시선이고, 또 하나는 부상 우려죠."

그는 부상 위험을 없애기 위해 길 위의 돌을 치우고 전북 김제 등에서 황토를 가져다 깔기로 했고, 남의 시선으로부터 자유롭기 위해선 '맨발마라톤대회'라는 이벤트를 열었다. 나만 벗으면 쑥스러워하지만 함께 벗으면 당당해질 수 있기

벚꽃잎이 떨어져 화사한 무늬가 새겨진 황톳길은 꿈같은 봄길을 맨살로 맞는다.

때문이다. 조 회장은 늘 자신의 경험을 여럿이 나누고 싶어 했다.

황톳길을 걷는 이들의 절반 가량은 등산화 차림이고, 나머진 맨발이었다. 맨발 순례객들은 신발 신은 이들보다 조금 느리게 걷는다. 걸음이 조심스럽기 때문이다. 하지만 느리기에 땅과 더 많은 느낌을 주고받는다. 개미 한 마리, 꽃 한 송이가 발에 차일까 조심스럽다. 느리기에 숲을 느끼는 마음은 더욱 풍요로워진다. 맨살로 숲과 대지의 정기를 나누고 있어 더 그럴 것이다. 길 중간 나무 그늘 아래에 자리를 깔고는 준비한 도시락을 펼쳤다. 시선은 도시락 뚜껑 보다 내 맨발바닥에 먼저 갔다. 두 시간 가량 황톳길을 걸어온 발바닥이 예쁘게 화장을 했다. 홍조 띤 새색시마냥 붉게 상기됐다.

대전 대덕구 계족산 황톳길

대청호의 문의문화재단지.

맨발걷기 후 발을 씻을 수 있는 시설.

누드의 발바닥

뭐든 게 그렇다. 내려놓고 벗어놓을 수록 편안하고, 가벼워진다.
항상 양말과 신발로 무장해야 했던 발바닥이 간만에 누드의 본모습으로
돌아갔다. 황토를 부대끼고, 하얀 꽃잎을 비비며 발바닥은 잃어버린 줄만
알았던 예의 그 촉감을 되찾았다. 원시의 촉에서 누드의 황홀한 행복이
피어났다.

맨 얼굴의 그릇,
신라 토기를 만드는
사람들

조선은 백자, 고려앤 청자가 있다면 신라에는 '민낯의 그릇' 토기가 있다. 전통 방식의 발 물레로 빚어진 토기는 가마에서 5일 동안 구워지고도 20일이 지나야만 그 모습을 드러낸다. 아무런 유약도 바르지 않아 처음에는 투박하고 까칠해보이지만 시간이 지날수록 흙의 질감과 민낯의 아름다움에 빠져들게 된다.

경주의 많은 고분에서 발굴된 신라 토기들을 현대에 재현한 것은 불과 40여 년 전이다. 경주시 하동 경주민속공예촌에 자리한 신라요新羅窯의 '명장' 유효웅씨가 처음으로 신라토기의 제작 비법을 터득했다. 드라마 <선덕여왕>에 나왔던 화려한 디자인의 등잔·술잔 등 토기 장식 수백 점도 신라요의 작품들이다.

보통의 도자기는 유약을 발라 구워낸다. 장석이나 규석 등을 재와 섞어 만든 유약을 입힌 그릇은 자기瓷器이고, 잿물을 발라 구워 표면을 매끄럽게 한 항아리를 옹기甕器라고 한다. 반면 토기는 아무런 유약을 바르지 않고 구워낸다. 자기가 진한 화장을 한 얼굴이라면, 옹기는 메이크업 베이스 같은 기본 화장만 한 것이고, 토기는 아무런 화장을 하지 않은 맨 얼굴인 셈이다. 그래서 그릇의 숨 쉬는 능력으로만 놓고 보면 옹기보다도 토기의 기능이 훨씬 뛰어나다. 옹기가 잔 숨을 들이 쉰다면 토기는 심호흡을 하는 셈이랄까.

아무런 유약을 바르지 않았지만 토기의 겉면은 반질반질한 느낌을 준다. 이에 대해 유씨는 "1,300도 이상에 놓고 구우면 흙이 다 녹는다. 흙이 녹을 때 표면에 유리성분이 번져 나오고, 가마 속 재가 날라와 붙어 함께 녹으면서 자연스레

신라요의 명장 유호웅씨가 신라토기에 대해 설명하고 있다(위). 유씨는 사천왕사의 녹유귀면의 복원과정에도 참여했다(아래).

경북 경주민속공예촌 신라요

처음으로 신라토기를 재현해낸
유호웅씨가 전통방식의 발물레로
토기를 빚고 있다.

막을 형성한다"고 설명했다. 유씨가 온갖 시행착오를 거쳐 재현해 낸 신라토기의 비밀이다.

경기 여주나 광주분원 등지서 나오는 자기들의 상당수는 가스 가마나 기름 가마로 구워낸다. 불 조절이 쉽고, 단 기간에 파손품을 최소한으로 줄이며 구울 수 있기 때문이다. 하지만 신라토기는 반드시 장작으로 장시간 때야 하는 전통가마로만 구워야 한다. 신라토기의 색은 전통가마 속 연기와 재가 필요하기 때문이다.

전동 물레가 아닌 전통방식의 발 물레로 힘들게 토기를 빚어선 가마에 앉힌다. 가마는 4박5일간 쉬지 않고 불을 때야 한다. 불조절이 관건이다. 가마의 구멍 속 불을 보고 가마 속 온도를 판단해야 하기 때문에 가마 불지피는 날이면 도공은 쉽게 눈을 붙일 수 없다. 5일 동안 불을 다 때고나서는 가마의 모든 구멍을 꽉 막은 뒤 또 5일을 기다린다. 가마 속 재와 연기를 토기가 흠뻑 빨아들이는 시간이다. 이후 가마의 재를 끄집어 낸 뒤 다시 구멍을 막고는 또 10일을 가마가 온전히 식기를 기다려 토기를 완성시킨다. 가마에 불 붙은 지 20일은 돼야 작품이 완성된다. 신라토기는 고된 땀과 오랜 기다림이 응축된 작품이다. 유씨는 "40년을 해도 어려운 게 이 일"이라며 "당시 도인들이 어떤 마음으로 토기를 구웠는지, 그 마음을 얻어내기가 쉽지 않다"고 했다.

유씨의 동생도 형님과 함께 신라토기의 맥을 잇고 있다. 경주시 동방동에 있는 한국토기가 유진용씨가 토기를 빚고 가마에 불을 붙이는 곳이다. 형의 작업을 돕기 시작하다 흙일에 접어든 유씨의 경력도 어언 40년 가까

이 이르렀다. 우직함으로 버텨온 세월이다. 그는 "1,000년 전의 토기이지만 그 모양과 문양, 쓰임새는 지금 봐도 매력적이고 독특하다"며 뚜껑을 덮는 접시, 받침대를 달고 있는 둥근 항아리, 왕관의 옥구슬 같은 장식을 매단 술잔이나 등잔 등을 내보였다. 그는 "신라토기를 찾는 사람들이 예전엔 얼마나 출토품과 닮았는가를 따지더니 이제는 실생활에 사용할 수 있는 것을 많이 좋아한다"고 했다. 그의 집안에 있는 대부분의 그릇이나 화분, 물통 등은 모두 토기로 만들어졌다. "처음에는 번지르르한 자기가 좋아 보이지만 일단 토기를 사용하다 보면 흙의 질감이 살아있는 그 맛에 금세 깊은 정이 들게 된다"고 했다.

한국토기 유진용씨는 가업을 잇겠다는 든든한 아들이 있다. 경주시에서 신라토기를 하는 장인 중 가장 젊은 국현씨다. 그는 요즘 신라토기 제작 비법으로 맑은 차를 담아내는 다기를 만드는데 심혈을 기울이고 있다. 땅 속에서 1,000년 이상을 묻혀 있던 '생얼'의 신라토기가 이제 새로운 변주를 노래하기 시작했다.

경주에 '이리 낭狼'자를 쓰는 '낭산'이 있다. 이리가 웅크린 모습의 야트막한 산이다. 신선이 노닌다고 '선유림仙遊林'이라 불리며, 신라 때 신성시됐던 산이다. 경주시 남산의 삼릉골 못지않은 아름다운 솔숲을 지나면 산 속에 다소곳이 들어앉은 선덕여왕릉을 만난다. 얼마 전 드라마 <선덕여왕>이 뜨기 전까지 경주 시민들도 이곳에 선덕여왕릉이 있었는지도 잘 몰랐다고 한다. 여왕의 능이지만 의외로 수수하다. 사방의 소나무들이 마치 절을 하듯 능 쪽을 향해 길게 가지를 드리우고 있다.

능 한쪽에 자리를 깔고 얘기를 나누는 아주머니들이 있어 다가가 말을 섞었다. 울산에서 왔다는 신윤정씨는 "이곳에 처음 와 봤는데 오길 참 잘했다는 생각이 들었다. 좋은 기운 많이 받고 간다"고 했다. 문화해설사에 따르

경주 낭산의 소나무가 우거진 조용한 숲 속에 선덕여왕릉이 자리하고 있다.

면 선덕여왕릉의 제단에는 지금처럼 잘 알려지기 전에도 백합 등 생화가 끊이지 않고 놓여 있었다고 한다. 여왕이란 특별함에 알게 모르게 추모의 발길이 끊이지 않았던 곳이다.

선덕여왕의 재기와 배포를 엿볼 수 있는 일화로 「선덕여왕 지기삼사知幾三事」가 있다. 그 중 하나가 이 선덕여왕릉에 관한 이야기다. 어느 날 신하를 불러 모

선덕여왕릉은 경주 시내에 있는 거대한 고분에 비해 소박해 보인다.

은 여왕이 "내가 아무 해 아무 달 아무 날에 죽을 것이니 도리천忉利天에 장사 지내시오"라고 했다. 신하들이 도리천이 어딘지 묻자 여왕은 낭산 남쪽이라고 답했다. 예지했던 그날에 여왕은 세상을 떠났고, 신하들은 뜻을 따라 여왕을 낭산에 모셨다. 그 후 세월이 지나고 문무왕이 사천왕사를 여왕의 무덤 아래에 세웠다. 불경에선 사천왕이 사는 사왕천 위에 도리천이 있다고 한다. 백성들은 그제서야 여왕의 신령함을 알게 됐다고 『삼국유사』는 적고 있다. 선덕여왕릉에서 발굴 작업 중인 사천왕사지까지 가는 내리막길도 솔숲이 아름답다.

경주의 선도산380m 주변에는 김유신 장군의 기운이 잔뜩 서려 있다. 선도산은 김유신의 두 여동생과 인연이 있다. 그중 첫째인 보화가 이 서악선도산에 올라 오줌을 누었는데, 그 오줌이 넘쳐 서라벌이 잠겨버리는 꿈을 꾸었다. 보화가 망측해하자 동생 문희가 비단을 주고 꿈을 샀고, 동생은 훗날 김춘추와 결혼해 왕후에 올랐다.

선도산 아래엔 김유신의 매제가 된 김춘추, 태종무열왕의 능이 있다. 신

선도산에서 내려다 본 태종무열왕릉.

라의 왕릉 중 실제 그 주인이 확실히 밝혀진 건 몇 안된다고 한다. 김유신 묘나 선덕여왕릉 등도 실제 무덤의 주인을 증명하는 증거는 없고, 사료에 의해 그곳에 있었을 것이라 추정할 뿐이다. 그래서 무덤의 주인 대신 그곳에서 나온 천마의 그림과 금관이 능의 이름을 대신하기도 하다. 하지만 태종무열왕릉은 확실하다. 능 앞의 거북이가 이고 있는 비석에 '태종무열대왕지비'란 돋을 새김된 글자가 있기 때문이다. 태종무열왕릉비는 이 글자 외에도 거북의 모양새로 의미 있는 유적이다. 목을 앞으로 쭉 뻗은 거북의 모습에서 삼국을 통일한 진취적인 기상을 엿볼 수 있다.

선도산 자락엔 또 서악서원西岳書院이 있다. 이 서원은 김유신·설총·최치

왕릉만큼이나 화려한 김유신장군묘(왼)엔 정교하게 조각된 십이지신상(오른)이 있다.

원을 모시는 곳이다. 1561년에 지어진 서원은 처음엔 김유신의 위패를 모시기 위한 사당이었지만 이후 지역 유림들의 의견을 받아들여 설총과 최치원의 위패도 함께 모시게 됐다. 뒤에 사액서원이 됐고, 흥선대원군의 서원 철폐 조치 때도 다행히 존손할 수 있었다.

이제는 김유신 유적의 하이라이트인 김유신장군묘다. 선도산 바로 옆 동화산147m 자락에 있다. 김유신장군묘로 오르는 돌길은 운치가 있다. 이 길의 분위기가 좋아 일부러 찾는 이들이 있을 정도다. 김유신장군묘는 크고 화려하다. 큰 봉분의 둘레를 돌벽이 두르고 있고, 또 이를 돌기둥이 한번 더 둘렀다. 돌벽엔 정교하게 새겨진 십이지신상이 조각돼 있다.

아무리 위대하다고 해도 장군인데 어째 왕의 무덤보다 크고 화려한걸까. 문화해설사는 "김유신 장군이 뒷날 흥덕왕 때 흥무대왕興武大王으로 추봉됐다"고 설명했다. 장군묘가 아닌 어엿한 왕릉이란 것이다.

+ 1박2일 추천코스

첫날　오후 신경주역 도착 → 택시나 렌터카 이용 보문호 지나 하동 전통공예단지(신라요)와 동방동 한국토기 탐방 → 보문이나 불국사 앞 숙박단지서 숙박

다음날　불국사, 선덕여왕릉, 반월성 등 둘러보고 귀경

+ 가는 길

KTX가 뚫리며 경주가 가까워졌다. 새마을호로 경주까지는 서울에서 4시간 40분, KTX로는 2시간 2분 소요된다. 기름값이 비싼 요즘엔 열차를 이용한 여행이 시간도 절약되고 효율적일 수 있다. KTX 신경주역은 시내에서 떨어져 있다. 시내까지는 시내버스나 택시를 타고 들어가야 한다.

+ 음식/숙박

경주시 천북면에는 화산불고기 단지가 형성돼 있다. 이중 '운수대통가든(054.762.5353)'은 지역민들이 단골로 많이 찾는 곳이다. 고기 질도 좋지만 함께 나오는 밥이 맛있다. 가마솥에서 방금 지어낸 고슬고슬한 밥과 주인이 직접 담근 깊은 장맛의 된장찌개가 일품이다.

천마총이 있는 대릉원 옆 너른마당에 운치 있는 한정식 집이 있다. 황남동의 '도솔마을(054.748.9232)'이다. 닭볶음탕, 갈치조림, 호박잎쌈, 비지찌개, 콩잎무침 등 시골스러움이 한 상 가득하다.

보문단지 북군동에는 순두부촌이 형성돼 있다. 경주의 지인들은 이 중 '흥부네(054.748.5688)'를 추천한다. 칼칼하게 끓여낸 순두부찌개가 개운하다. 펄펄 끓는 순두부 찌개에 날계란을 톡 터뜨려 넣는 맛이 이색적이다.

+ 여행 팁

경주엔 KTX 등장과 함께 '천년마중' 택시 서비스가 등장했다. 경주의 역사를 공부한 해설사급 택시기사들이 승객을 여행 가이드까지 해주는 서비스다. 신라문화원에서 개설한 경주 문화관광 소양교육을 마친 29명의 기사들이 참여한다. 기사들은 친절 교육은 물론 경주 곳곳의 문화재에 대한 전문가급의 지식과 싸고 푸짐한 지역 맛집정보, 사진촬영 기법, 지역 역사와 옛 이야기에 대한 풍부한 상식들을 쌓았다. 택시 대여비는 하루 10만~15만원이다(054.775.7979).

'도솔마을' 식당의 상차림.

발자국,
내가
지나온

순간에 대한
기억

천리 만리를 잇는
눈 덮인 숲길과
겨울 바다

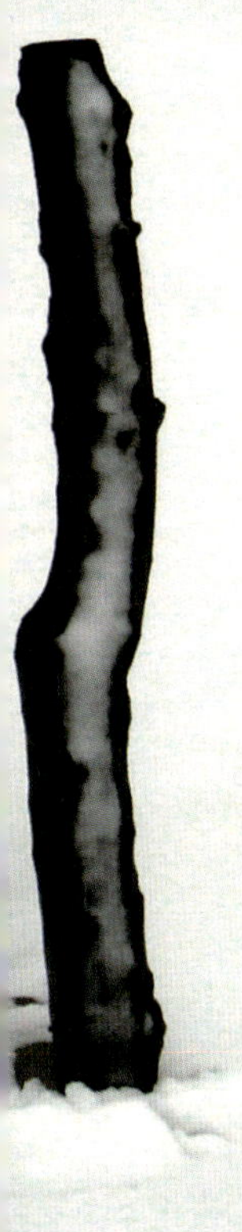

바다를 보기 위해 산을 올랐다. 멀찍이 떨어져서 겨울 바다의 적막함을 완상하기 위해서다. 닭벼슬처럼 생겨 툭 튀어나온 태안반도의 끝자락은 리아스식 해안의 전범을 보여준다. 해안가에는 기암이 어울린 아름다운 백사장들이 목걸이 구슬처럼 줄줄이 꿰어 있다.

태안해안국립공원은 1978년 13번째 국립공원으로 지정된 곳이다. 국립공원의 중심인 만리포와 천리포해수욕장으로 겨울 바다 기행을 떠났다. 걸음이 향한 곳은 바다가 아닌 산이다. 태안해안국립공원의 절경을 산 위에서 내려다보기 위해서다.

가운데 곶처럼 돌출된 자그마한 동산이 만리포와 천리포 해수욕장을 잇고 있다. 두 백사장의 배후엔 긴 산자락이 누워 있다. 정상 국사봉의 높이는 121.8m로 산세가 높지 않지만 바닷가에 바로 붙어 있어 조망 하나는 끝내준다. 산행길은 천리포에서 시작해 만리포로 내려온다. 천리에 만리를 더한 '일만일천리'의 풍경을 만끽하는 걸음이다. 실제 걷는 것은 4km도 안 되는 거리이니 저절로 축지의 술법이 부려지는 걸음이다.

천리포해수욕장 뒤편, 천리포수목원 생태교육관 앞에서 산행이 시작됐다. '천리포 1길'이란 골목길에서 집 한 채를 돌자 밭두렁 옆으로 산길이 이어졌다. 지난 밤 내린 눈으로 산의 능선은 하얗게 설화를 피웠다. 길 위에도 얇게 눈이 깔렸다. 발자국에 얇은 눈이 녹아버린다. 하얀 화선지에 수묵화의 댓잎을 치는 것처럼 지난 발걸음마다 먹물이 스몄다.

예상치 못한 화사한 눈선물에 마음은 마치 첫눈을 만났을 때처럼 들떠 동동거렸다. 산길이 깊어지며 눈은 발목까지 차올랐지만 다행히 길은 미끄럽지 않았고, 스패치와 아이젠으로 무장하지 않아도 충분히 걸을 만했다. 오르막마다 나무를 박은 계단이 길게 놓여져 어렵지 않게 눈길을 오를 수 있었다. 조금 오르다 뒤를 돌아보니 천리포 백사장 앞 닭섬이 내려다 보이기 시작했다. 간조 때라 물이 빠져 닭섬과 천리포 백사장이 이어져 있었다.

숲길을 둘러싼 나무는 모두 소나무다. 크리스마스 트리를 보는 듯 하얀 눈을 이고 있는 솔숲이 이국적이다. 바닥의 솔잎과 눈이 함께 완충해서인

천리포·만리포의 전망대인 국사봉으로 오르는 산길 내내 청청한 소나무 숲을 지난다.

지 산길은 유난히 푹신했다.

이 코스가 정말 재미있는 첫 번째 이유는 적절한 오르막이 리듬을 타듯 이어진다는 것이다. 땀이 좀 날만 하면 금세 평탄한 능선길이 연결돼 힘들다는 느낌이 들지 않는다. 두 번째는 시작부터 끝까지 소나무 숲길을 지나는 것이고, 세 번째는 바다를 계속 내려다 보고 걸을 수 있다는 것이다. 눈이 쌓인 솔숲의 한적한 산행길을 걷다 보면 솔향에 설향까지 더해져 마음이 하얗고 상쾌하게 정화되는 느낌이다.

마침내 국사봉 정상에 섰다. 닭섬을 중심점 삼아 컴퍼스를 돌리듯 천리포 바다가 둥그렇게 원을 그렸다. 왼편으론 만리포가 아련한 해무 속 또 다른 큰 포물선

국사봉 산행길 이정표.

을 그렸다. 설경의 만리포, 설화가 피어난 천리포 풍경은 바다를 느끼는 또 다른 방법이다. 멀찍이서 가슴을 두근거리며 누군가를 간절히 바라보듯 바다를 선망하는 시선이다. 말없이 바다를 바라보다 고개를 들어보니 하염없이 내리던 눈발이 그새 그쳐 있었다. 고요한 하얀 적막과 닭섬에 부딪는 파도소리가 눈 덮인 숲 위로 퍼져 올랐다.

2007년 12월 태안의 아름다운 바다에 들이닥쳤던 검은 기름의 참사를 떠올렸다. 오염의 흔적은 지워진 지 오래지만 그 아픈 기억은 소복하게 내린 하얀 눈이 다 덮어버렸다. 이보다 맑고 순정한 바다가 또 있을까.

만리포해수욕장까지 산길을 이어 내려왔다. 도중에 국2봉·국3봉 등의 이름을 한 전망포인트가 더 나타났다. 만리포가 좀 더 잘 보이는 곳들이다. 산길을 다 내려와 도착한 곳은 만리포해수욕장 입구의 주차장이다. 2시간도 채 안된 시간에 천리포와 만리포를 잇고 바다와 산을 이었다.

천리포와 만리포 두 개의 바다를 한 눈에 조망할 수 있는 국사봉 정상.

충남 태안군 소원면 만리포

천리포 해수욕장 옆에는 아름다운 화원인 천리포수목원이 있다. 귀화한 파란 눈의 민병갈_{미국이름 칼 밀러 | 1921~2002년}씨가 1962년 설립한 개인 식물원이다. 식물 보호를 위해 40여 년 회원제로만 운영되던 비밀의 화원 천리포수목원은 지난해 봄부터 일반에 개방됐다.

고인은 1945년 미군장교로 한국에 처음 발을 디뎠다. 이 땅에 매료된 그는 한국을 떠나지 않았고, 한국은행에 근무하던 1962년 만리포해수욕장에 놀러 왔다가 우연히 지금의 이 땅을 사게 됐다. 그리고 손수 농원을 조성했고 나무를 심기 시작했다. 그는 전세계 식물원, 수목원과 종자와 정보를 교환하며 천리포수목원을 예쁘게 가꾸어 나갔다. 세계수목협회에 의해 아시아 최초로 '세계의 아름다운 수목원'으로 지정되기도 했다. 약 60만m²에 이르는 수목원에는 1만5,000여 종의 식물이 자라고 있다.

수목원 바로 앞에 떠있는 섬이 닭섬이다. 물이 빠지면 백사장과 연결된다. 민씨는 유난히 닭을 싫어해 '닭섬'을 '낭새섬'이라 바꿔 불렀다고 한다. 수목원에서 이 낭새섬을 가장 잘 볼 수 있는 곳에 고즈넉한 전망대와 고풍스러운 한옥건물이 자리하고 있다.

천리포에서 멀지 않은 곳에 신두리 해안사구가 있다. 천연기념물 제431호로 지정된 국내선 보기 드문 모래언덕이다. 흰 눈이 내리는 날 찾은 길고 긴 신두리 백사장은 하얀 눈을 이고 있었다. 이곳 해변의 모래는 작은 바람에도 흩날릴 정도로 가볍고 곱다. 이 모래가 차곡차곡 다져진 백사장은 사람이 걷고, 차가 달려도 그 자국이 깊게 나지 않을 정도로 견고하다.

신두리해안사구 뒤쪽에 '두웅습지'란 곳이 있다. 국내선 보기 드문 사구 배후습지로 2007년 울산의 무제치늪과 함께 람사르 습지로 지정된 곳이다.

신두리 해안사구 입구에서 좁은 길을 따라 1.7km 가량 달려가 만난 두웅습지는 산에서 내려온 물이 모래언덕에 막혀 바다로 흘러가지 못하고 고여 습지가 형성된 것이다. 습지 전체의 면적은 6만5,000여m²로 습지 가운데에 수심 2.5m가량의 호수가 있다. 물가엔 나무로 된 탐방로가 길게 놓여 있고, 작은 배 한 척이 그 나무 기둥 하나에 묶여 있다. 흰 눈을 소복하게 이고 있는 작은 호숫가의 풍경이다. 원시 늪이 주는 한적한 풍경에 마음이 조용히 녹아든다. 이곳은 생물다양성을 유지하는 중요한 습지다. 멸종위기 동물인 금개구리 등을 비롯해 많은 동식물이 살고 있다.

오전 천리포해수욕장 도착 → 트레킹 후 천리포수목
원 두웅습지 돌아보고 귀경

+ 가는 길

서해안고속도로를 타고 가다 서산IC에서 나와 32번
국도를 타고 서산, 태안을 지나 계속 만리포쪽으로
달린다. 만리포해수욕장을 지나 천리포해수욕장의
천리포수목원 생태교육관 앞에서 산행을 시작한다.

한때 사막과 같은 풍경을 지녔던 신두리 해안사구.

+ 음식/숙박

태안의 먹거리로는 개운한 '박속낙지탕'이 유명하
다. 태안 원북면사무소 소재지에 있는 '원풍식당
(041.672.5057)'이 원조를 자처한다. 외관은 허름
해 보여도 30년 이상의 내공을 지닌 집이다. 주인 목
예균씨는 "무나 감자 등 이것저것 다 넣고 만들어 봤
지만 역시 낙지는 박속과 가장 궁합이 잘 맞는 것 같
다"고 소개했다. 박속은 시원한 맛을, 숭숭 썰어 넣은
청양고추는 칼칼한 맛을 내며 달콤한 낙지와 환상적
인 맛의 조화를 낸다.
태안의 바다와 멀지 않은 곳에 겨울별미가 숨어 있
다. 안면도가 감싼 천수만 자락의 보령시 천북면 장
은리의 굴구이단지다. 바다를 끼고 90여 채의 굴구
이 집이 죽 늘어서 있다. 가스불에 올려진 석쇠에 껍
질 채 굴을 올려 구워먹는 곳들이다. 굴구이는 맛도
맛이지만 저렴하게 배불리 즐길 수 있어 좋다. '천북
수산(041.641.7223)' 등 굴구이집에선 집에서 굴구
이를 즐길 수 있도록 택배로 보내주기도 한다. 굴구
이는 4월까지도 계속된다.

+ 여행 팁

신두리 해안사구의 넓은 모래 땅엔 짙은 풀과 키
큰 나무들이 가득 덮고 있어 모래밭이 잘 보이지
도 않는다. 해안을 따라 남북으로 길이 3km, 폭
0.2~1.3km로 형성된 해안사구는 바닷바람이 실어
온 모래가 만들어낸 특이 지형이다. 예전 이 모래는
바람을 타고 산자락 너머까지 날아가 주민들은 논과
밭으로 날아온 모래 때문에 골치를 앓았다. 농사짓
던 이들이 대책을 내놓으라 요구했고 1970~80년대
모래땅 옆으로 방풍, 방사림이 조성되며 소나무와 아
까시나무 등을 심었다. 처음 이 나무들은 모래밭에
뿌리를 내리지 못했다. 하지만 나무들이 한두 그루
살아남으면서 그 그늘은 점차 넓어졌고, 어느새 모
래언덕 옆으론 짙은 숲이 만들어졌다. 2001년 천연
기념물로 지정되면서 농사는 물론 사람의 출입이 금
지됐다. 사람의 발자국이 뜸해지자 숲에서부터 풀들
이 뻗어 내리기 시작했고, 수년 사이에 그 넓던 모래
언덕은 모두 풀밭이 되고 말았다. 풀이 쌓인 언덕엔
더 이상 모래가 쌓이지 않았다.

운문사 새벽예불
목탁소리에 빠져들다

감기 기운에 몸이 무거웠는지 미리 맞춰놓은 알람 소리를 듣지 못했다. 눈을 떠 보니 새벽 3시가 넘었다. "아뿔싸" 서둘러 사하촌의 여관을 빠져나와 운문사로 차를 달렸다. 운문사 종각을 들어서자 이미 큰 법당에선 목탁소리와 함께 새벽 예불이 시작됐다. 유홍준 전 문화재청장이 『나의 문화유산답사기』 2권에서 새 벽예불 중 가장 으뜸으로 '가톨릭의 그레고리 찬트에 비견되는 장엄함이 있다' 고 찬사한 운문사의 새벽예불이다.

새벽3시 목탁을 두드리는 도량석으로 새벽예불이 시작된다. 승방의 불이 켜지고, 진한 감색의 가사를 어깨에 두르고 줄지어 나온 스님들이 대웅전에 모여 부처님께 절을 올리며 불경을 암송하는 엄숙한 의식이다. 대웅전에서 울려오는 비구니들의 저음의 합창으로 이뤄진 예불소리는 파이프 오르간을 울리듯 대웅전 건물을 울리고, 절마당과 절을 둘러싼 산자락을 울리고는 캄캄한 밤하늘로 퍼져 오른다. 세속과 떨어진 여승들만의 목소리여서일까, 비장감마저 느껴지는 엄숙한 떨림이다. 차마 그 속에 함께 끼여 있을 수 없어 홀로 대웅전 앞 만세루 기둥에 기대섰다. 예불소리를 듣고 있자니 속진의 때가 벗겨지는 듯 살갗이 파르르 떨려왔다.

운문사의 새벽. 여승들의 예불 소리가 대웅전에서 퍼져 나와 만세루를 휘감고, 밤 하늘 위로 번진다.

경북 청도군 운문면 운문사

오전 4시15분께 새벽예불이 끝나고 스님들은 줄지어 불이문_{不二門} 안 안채로 총총이 사라진다. 대웅전의 불도 꺼지고, 경내엔 다시 어둠과 적막만 내려앉았다. 고개를 드니 구름 사이로 밤하늘의 별들이 반짝였다.

숙소로 돌아와 컵라면으로 새벽의 허기를 달랜 후 날이 밝기를 기다려 운문사_{雲門寺}의 암자 중 하나인 북대암_{北臺庵}으로 올랐다. 가파른 경사의 길을 허덕허덕 10여 분 오르니 거대한 암벽에 제비집처럼 붙은 암자, 북대암이 나타났다. 운문사처럼 비구니들만 있는 암자로 북대암 마당은 운문사를 가장 잘 내려다 보는 전망대다. 초록의 품 안, 산봉우리를 꽃잎 삼아 화판의 중심에 여유롭게 자리한 운문사 전경이 한눈에 바라보인다. 암자 앞 뜨락에는 한 보살이 산에서 주워왔는지 도토리가 한 포대가 펼쳐져 가을 볕을 기다리고 있다.

북대암을 내려와 밝은 날의 운문사를 다시 찾았다. 운문사는 260여 명의 학인스님들이 공부하는 4년제 승가대학으로 속세로 따지면 여승들을 위한 여자대학인 셈이다.

운문사는 신라 진흥왕 21년_{560년} 한 신승에 의해 창건됐다고 전해지며 진평왕 30년_{608년} 원광국사에 의해 중창됐다. 원광국사는 화랑 귀산과 추항에게 세속5계_{世俗五戒}를 일러 준 인물이다. 운문사는 고려 때 일연이 머무르며 『삼국유사』를 집필한 곳이기도 하다. 1958년 불교정화운동 이후 비구니 전문 강원_{講院}으로 자리잡았다. 1987년 승가대학으로 이름이 바뀌었고, 현재 1~4학년 학인스님과 강사 스님들이 연구하는 수행도량이다. 이곳의 학인스님들은 '일일부작 일일불식_{一日不作 一日不食}', 즉 하루 일하지 않으면 하루 먹지 않는다는 청규를 실천하고 있다.

아름드리 소나무가 우거진 아름다운 솔숲을 지나 운문사 종각을 들어

운문사의 암자인 대적암(위)과 저녁 공양 직후 운문사 범종루에서 법고를 두드리는 학인스님들(아래).

경북 청도군 운문면 운문사

서는데 '둥, 둥, 둥' 법고 소리가 들려왔다. "이 시간에 웬 북소리인가" 걸음이 빨라졌다. 만세루에서 두 명의 학인스님이 법고 연습을 하는 중이다. 대학의 동아리처럼 법고를 배우는 모임이 있다더니 아침 일찍부터 법고 연습에 나선 모양이다.

운문사에서 꼭 들어야 할 소리의 첫번 째가 새벽예불이라면 두 번째는 바로 사물四物이다. 가죽 있는 축생에게 진리를 전한다는 법고法鼓, 물속의 중생을 제도한다는 목어木魚, 하늘을 나는 새와 허공을 헤매는 영혼을 천도하는 쇠로 된 운판雲版, 지옥의 중생까지 제도한다는 대종大鐘을 함께 일컬어 사물이라 한다. 새벽예불 직전과 저녁 공양 이후 오후 5시45분께 하루에 두 번 사물의 소리를 들을 수 있다.

운문사에는 비로전보물 제835호, 삼층석탑보물 제678호 등 보물이 7개 있고, 만세루 옆의 땅으로 길게 가지를 뻗친 500년 넘은 처진 소나무가 천연기념물 제180호로 지정돼 있다. 온몸으로 기도를 올리는 오체투지를 하는 양, 모든 가지가 땅으로 치내려 마치 엎드려 무릎을 꿇고 있는 모습이다. 이 나무는 매해 음력 삼월삼짇날 막걸리 12말을 받아 먹고 기운을 보충한다. 운문사(054.372.8800).

| 주홍빛 감의 나라 청도 |

가을을 한 색깔로 표현한다면 핏빛 단풍일까, 은빛 억새꽃일까 아니면 샛노란 은행잎일까. 탐스럽게 익은 빨간 사과나 누런 벼이삭, 알알이 터져 나온 알밤도 가을의 색을 이야기할 때 빼놓을 수 없는 것들이다. 만일 그 모든 색을 한데 버무려 중간색을 뽑는다면 잘 익은 감의 빛이 될 것이다. 풍요롭고 은근한 주홍빛 감의 색 말이다.

경북 청도의 가을은 감천지다. 청도 땅 어딜 가나 도로변이나 집집의 담장 위로 축축 늘어진 감나무 가지들은 모두 주먹만한 감을 주렁주렁 매달고 있다. 논농사보다 힘도 덜 들고, 이문利文도 많이 생기는 터라 상당수 주민들이 논을 메워 감나무를 심고 있다. 청도의 감생산은 매해 다르게 늘어 지금은 전국 감 생산량의 30%를 차지한다고 한다.

청도 감은 '반시'라 부른다. 접시처럼 납작하고 씨가 없는 게 특징이다. 재미있는 것은 이 감나무를 뽑아 다른 지역에 심으면 씨가 생긴다고 한다. 산으로 둘러싸인 분지의 지형에다 유독 안개가 많이 끼는 청도 땅의 특성 때문이라고 한다. 청도반시는 씨가 없어 곶감을 만들면 모양이 살지 않아 곶감이나 단감이 아닌 달콤한 홍시로 애용된다. 곶감 대신 껍질을 깎은 감을 세 조각으로 쪼개 꼬들꼬들하게 말려 간식으로 먹는 감말랭이가 특산품이다. 이외에 반만 말린 반건시, 얼린 아이스 홍시로도 만들어진다.

주홍빛 청도의 감(왼)과 크기에 따라 감을 분류하는 작업(오른).

마당을 가득 채운 빨랫줄에 널려있는 감물 배인 광목천의 펄럭임도 청도가 자랑하는 가을 풍경이다. 청도에 감을 이용한 천연염색 공방은 '꼭두서니' 등 30여 곳이 있다. 예약을 하면 감물염색 체험도 할 수 있다. 꼭두서니(054.371.6135).

| 반시로 만든 청도의 와인 |

청도군 화양읍 송금리의 폐철도터널이 최근 관광지로 뜨고 있다. 1904년 완공해 1937년 마을 아래로 새 철로가 놓일 때까지 경부선 철마가 지나던 터널이다. 무용지물이던 이 터널이 훌륭한 와인창고로 다시 태어났다. 이 지역에 기반을 둔 '청도와인'은 청도반시를 이용해 세계 처음으로 감와인을 생산하였다. 2004년 '감그린'이란 브랜드를 출시했다. 청도와인은 이

터널을 와인창고로 이용하고 있다. 내부 온도가 사시사철 15도를 유지하는 터널은 '천혜의 와인셀러'다.

시멘트 콘크리트가 아닌 황토벽돌로 아치형 천장을 삼은 터널의 내부는 제법 운치 있다. 터널의 총 길이는 1,045m이며, 그중 450m를 일반 고객을 위한 공간으로 꾸몄다. 터널 입구에는 현재 감와인 카페가 운영되며 터널에서 와인의 향을 느껴보는 이색 체험도 가능하다. 일반에게 개방된 어둑한 터널을 연인의 손을 잡고 걸어볼 수도 있다. 청도와인(054.371.1100).

일제 때 지어져 사용되지 않던 폐철도터널이 와인 숙성고로 다시 태어났다.

경북 청도군 운문면 운문사

첫날 오후 청도 도착 → 와인터널과 꼭두서니 둘
러보고 운문사 근처서 숙박
다음날 새벽 운문사 예불 후 북대암 돌아보기 → 점
심으로 강남반점의 스님짜장 먹은 후 귀경

+ 가는 길

서울에서 청도까지 갈 경우에는 중부내륙고속도로
를 이용하는 게 낫다. 김천에서 다시 경부고속도로
로 갈아타고 가다 동대구JC에서 신대구−부산간고
속도로를 이용하면 청도IC에 이른다. 서울에서 약
4~5시간 걸린다.

+ 음식/숙박

운문사 가는 길목엔 스님들이 찾는 짜장면집이 있
다. 청도군 금천면 동곡리의 '강남반점(054.373.
1569)'이다. 속세의 인연을 모두 끊은 스님들이
지만 예전 먹던 짜장면의 맛까지 지울 수는 없을 것이
다. 강남반점의 주인 장기철씨가 고기가 들어가지 않
고 일반 짜장면과 짬뽕의 맛을 내는 음식을 만들어
스님들에 대접한다. 고기의 대용품은 다양한 버섯이
다. 표고버섯은 특히나 기름이 많이 나와 짜장면의
돼지고기 역할을 톡톡히 해낸다. 기름도 식물성 기
름만 사용하고, 마늘·파·부추·양파 등 오신채는 절
대 사용하지 않는다. 양파인줄 알고 씹어보면 잘게
썬 양배추가 그 질감을 대신한다. 이곳엔 탕수육도
있다. 정확히 말해 탕수이다. 돼지고기 대신 버섯으
로 만든 음식이다. 버섯의 졸깃함이 고기 이상이다.
좋은 버섯을 많이 사용하기 때문에 사찰짜장의 가격
은 일반 짜장보다 비싸다.

+ 여행 팁

청도IC에서 15분 거리의 용암온천은 청도에서 가장
깨끗한 온천단지다. 여행의 피로를 풀기에 적격인 곳
이다(054.371.5500).

노랗고 빨갛게 익고 있는 청도반시.

'강남반점'의 스님짜장.

빨랫줄에 널린
청도의 가을 빛깔

파란 가을하늘을 배경으로 감물 흠뻑 배인 천자락이 휘날리고 있다. 청도의 감, 반시의 빛을 고스란히 담은 천자락이 가을 바람을 펼쳐내고 있다. 감의 고장인 청도엔 감물을 이용한 염색공방이 여럿 있다. 길가 넓은 마당을 가득 채운 빨랫줄에 청도의 감을 닮은 색들이 펄럭이는 것을 쉽게 볼 수 있다.

사려니오름으로
이르는
동그란 숲길

'사려니숲길'이란 참 이름이 곱다. 청순한 미인과 마주했을 때의 설렘 같은 걸 불러일으키는 이름이다. 사려니오름으로 가는 숲길을 줄여 말한 이 이름에서, 사려니는 '동그랗게 포개어 감다'는 뜻의 '사리다'에서 왔다고 한다. 사려니오름 의 둥근 모양에서 따온 말일 게다.

제주 올레길이 바다를 끼고 걷는 길이라면 사려니숲길은 제주의 평원 한복판을 디디는 걸음길이다. 비자림로^{1112번 지방도}에서 시작해 한라산 중산간 동쪽자락의 거대한 원시림을 종단해 사려니오름까지 이어지는 총 15.5km길이의 숲길이다. 숲길의 시작점은 삼나무 짙은 그늘을 드리운 비자림로다. 옛 5·16도로^{11번 국도}를 타고 가다 비자림로로 좌회전해 들어가 500m가량 들어가면 사려니숲길 입구와 주차장이 나타난다.

숲길은 차 한대 넉넉히 다닐 수 있을 만큼의 폭이고, 바닥은 걷기 좋게 잘 다져졌다. 예전 목재를 나르느라 생겨난 이 길은 이후 버섯 재배농가를 잇는 길로 사용됐고, 지금은 숲의 기운을 담뿍 받으려는 걷기 여행자들을

제주 한라산 사려니숲길과 물찻오름

나무데크가 사려니숲의 정령을 만나는 곳으로
이끌어준다.

위해 자리를 내주고 있다. 입구에서 4.5km가량 걸었을 때 물찻오름 입구를 만난다. 제주의 360여 오름 중에 백록담처럼 굼부리'분화구'의 제주말 안에 물을 담고 있는 오름은 몇 되지 않는다. 물찻오름은 그 중에서도 사철 물이 고여 있고, 또 가장 많은 물을 머금고 있다고 한다.

탐방로에는 폐타이어를 잘게 쪼개 이어 붙인 고무매트가 깔려 있다. 완만한 경사의 오르막을 오른 지 얼마 안돼 굼부리 등성이에 올라서자 나뭇가지 사이로 물이 고인 산정의 호수가 보였다. 호흡을 가다듬고 있는 그 때 갑자기 머리 위로 까마귀 한 마리가 나타나선 "누구냐"하고 소리치듯 깍깍 울어댔다. 물찻오름을 지키는 호위병 마냥 머리 위를 떠나지 않고 있다. 우선 굼부리 등성이를 따라 한바퀴 돌기로 했다. 얼마 가지 않아 나무 사이로 시야가 조금 열려 바라보니 말찻오름과 경주마육성농장, 정석비행장 등이 펼쳐졌다. 말굽모양의 말찻오름은 고려 때부터 말을 몰아넣고 풀을 먹이던 곳이다. 지금의 경주마육성농장의 기원이 고려 때까지 거슬러 오르는 것이다. 물찻오름은 제주 동부의 훌륭한 전망대 역할도 한다. 물찻오름에서 보이는 풍경에 제주 땅의 3분의 1이 들어가 있다.

굼부리 동쪽 등성이의 바깥쪽은 깎아지른 벼랑이다. 약 300m 가량 이어진 벼랑을 바깥에서 보면 거대한 성벽과 같은 모습이다. 물찻의 찻은 제주서 성城을 말하는 '잣'에서 전해진 음절이다. 즉 물찻오름은 '물이 있는 성'이란 뜻이다. 물찻오름의 또 다른 이름은 '거문오름'이다. '거문'은 단지 검다는 의미를 넘어 제주민들이 신성한 곳에만 붙였던 호칭이다. 물이 고인 성

같은 이 오름을 오래 전부터 제주민들은 신령스
럽게 여겨왔던 것이다.

좀더 산등성이를 타고 가자 이번에는 서쪽
의 한라산 자락이 눈에 가득 들어찼다. 서너 겹
의 산자락이 물결치고, 그 위로 아스라이 백록
담을 담은 산마루가 윤곽을 드러냈다. 거침없
고 장쾌한 풍경이다. 거대한 한라산을 한 눈에
담는 느낌이다. 오름을 내려와선 다시 사려니숲
길 걷기를 계속했다. 붉은오름과 사려니오름으
로 가는 갈림길에 '월든치유와 명상의 숲'이란 이름
표가 붙은 숲이 나타났다. 짙은 그늘에서 불쑥
숲의 정령이 튀어나올 것 같은 분위기다. 삼나
무숲을 사선으로 치고 들어오는 빛에서 데이비
드 소로가 『월든Walden』에서 노래한 숲의 생명
을 떠올린다.

깊은 사색에 빠져들게 하는 월든숲의 이정표
(위). 숲길에서 만난 사려니숲의 원주인인
노루가족(아래).

일반에 개방된 사려니숲길 코스의 종점인
서어나무숲에 이르렀을 때 해가 많이 기울었다. 어두워지기 전에 숲을 빠져
나가야 했기 때문에 왔던 길로 되돌아 바삐 걸음을 옮겼다. 월든 숲에 닿을
즈음 길 위로 뛰어든 노루 몇 마리와 조우했다. 내가 노루를 구경하는 게 아
니라 노루들이 나를 구경한다. 경중경중 숲에서 뛰노는 노루의 움직임에서
숲의 평화가 그려졌다. 인적이 끊긴 이 시간의 사려니숲길은 노루. 오소리
등 숲의 동물이 뛰노는 공간이 된 것이다. 생명의 숲에서 생명이 살아 꿈틀
대는 시간이 찾아온 것이다.

　　　　　제주 한라산 사려니숲길과 물찻오름

다음날 새벽, 물찻오름 산정 호수의 아침을 지켜보기 위해 다시 사려니 숲길을 찾았다. 서둘러 길을 나섰지만 물찻오름에 올랐을 때 이미 사위는 밝았다. 한라산에 걸린 큰 구름대가 물찻오름에도 드리워 굼부리 안 호수에도 그 구름이 빠져들었다. 시간이 지나 하늘은 파랗게 깨어났는데 굼부리 안의 구름은 빠져나가지 못하고 조금씩 물에 녹아 들었다. 빗물이 고이고, 구름과 안개가 녹아 이룬 산정의 호수엔 아침의 고요함만이 가득했다. 짙은 이끼 뒤덮은 나무 등치들이 물가를 빙 두르고 있어 신령함마저 느껴지는 풍경이다. 물안개가 잦아들며 거울처럼 명징해진 호수는 오름 굼부리의 등성이를 둥그렇게 비춰냈다. 그 한가운데로 파란 하늘이 풍덩 빠져들었다.

물찻오름의 정한 호숫물에 제주의 새벽이 흠뻑 빠져들었다.

제주는 세계자연유산의 땅이다. 한라산 천연보호구역과 성산일출봉, 거문오름 용암동굴계가 등재됐다. 국내의 유네스코 지정 세계유산 중 자연유산은 제주의 이 3곳뿐이다.

거문오름의 외벽은 여느 오름과 비슷하다. 바깥 사면은 1970년대 초반 식목사업의 일환으로 심어진 삼나무숲으로 빼곡하다. 약간의 오르막을 지나 20분쯤 오르니 오름의 정상해발 456m이다. 주변의 봉긋 솟은 다른 오름들 풍광이 한눈에 펼쳐진다. 말발굽처럼 생긴 거문오름 굼부리분화구 안은 인공의 삼나무숲이 아닌 초록의 원시림이다. 이 굼부리는 한라산의 백록담보다

거문오름으로 들어가는 삼나무숲길.

도 크다. 굼부리 한복판에는 작은 알오름이 있고, 굼부리 외륜은 9개의 봉우리가 감싼 모양이다.

거문오름은 제주의 368개 되는 오름 중에서도 특별한 곳이다. 28만년 전 이곳에선 거대한 화산 폭발이 있었다. 그때 흘러내린 도도한 용암의 강물이 바다로 향하며 만장굴·뱅뒤굴·김녕굴·용천동굴·당처물동굴 등을 만들어냈다. 능선을 따라 내려간 산책로는 이젠 굼부리안 원시림 속으로 안내한다. 이 원시림은 '선흘곶자왈'이라 불린다. 곶자왈이란 화산 분출로 생긴 용암의 덩어리들이 널린 지대에 숲이 형성된 곳을 말한다. 이 곶자왈 원시림 트레킹은 마치 공룡이 살던 쥐라기 숲으로 떠나는 기분이다.

숲 속은 빼곡한 초록으로 어두웠다. 뭍에서 보기 힘든 식나무, 붓순나무 등이 이룬 숲이다. 이 붓순나무는 태울 때 연기가 안나 4·3사태 때 피신했던 제주 민초들이 산에서 불을 피울 때 사용했다고 한다. 산책로 옆으론 보라빛의 한라돌쩌귀꽃이 이끼 위에 곱게 피어났고, 봄에 푸르렀던 천남성은 짙붉은 열매를 맺고 있었다. 원시의 숲이지만 이곳엔 몇백 년 이상의 고목이 없다. 용암의 바위들로 이뤄진 땅이라 나무가 뿌리를 깊게 내리지 못하기 때문이다. 뿌리가 제 무게를 이기지 못할 정도로 자라면 나무는 쓰러지고, 그 자리에 또 다른 나무가 생명을 이어간다. 산책로 곳곳에서 자잘한 뿌리를 드러내고 넘어진 나무들을 만날 수 있다.

숲 속 곳곳에는 풍혈이 열려 있다. 여름엔 시원한 바람이, 겨울엔 따뜻한 공기가 뿜어져 나오는 곳이다. 그

붉게 여문 천남성 열매.

곳을 지날 때 느끼는 서늘한 기운에 몸도 마음도 상쾌해진다.

5.5km되는 트레킹 코스에는 볼거리가 많다. 화전민 터와 숯가마 터, 분화 시 모습을 간직한 화산탄, 일본군이 건설한 지하갱도 등을 스친다. 패전을 코앞에 둔 전쟁 막바지, 일제는 제주도를 최후 방어선으로 삼고 7만 5,000여 병력을 집결시켰다. 연합군이 일본 본토 공격의 거점으로 제주에 상륙할 것이라 판단하여 제주를 지키기 위해 대비한 것이다. 이 거문오름에도 일본군 108여단의 6,000여명이 주둔했었다. 오름의 안팎으로 당시 판갱도와 진지가 곳곳에 남아 있다.

| 제주의 동백 낙원 카멜리아힐 |

제주에서의 느긋한 휴식을 취하고자 하는 분들에게 딱 알맞은 곳이 있다. 서귀포시 안덕면 상창리에 있는 '카멜리아힐'이다. 이름 그대로 동백의 언덕이다. 17만2,000m²의 부지에 온통 동백을 테마로 꾸며 놓은 정원이다. 제주서 나고 자란 사업가인 양언보 씨가 20여 년 직접 손으로 가꿔 일궈낸 동백의 궁전이다. "사업을 하다 어려움이 닥칠 때면 눈 위에 떨어져도 오랜 시간 시들지 않는 동백꽃에서 시련을 이겨낼 힘을 얻었다"는 그가 자신의 모든 힘을 모아 동백만을 위한 공원을 조성한 곳이다.

그는 국내 각 지역의 동백을 수집했고, 전세계를 돌며 특이한 동백을 모두 모아 가지고 들어왔다. 카멜리아힐이 보유한 동백은 500여 종으로 총 6,000 그루나 된다. 꽃봉오리째 떨어지는 일반 동백과 달리 장미꽃처럼 꽃잎을 흩날리며 떨구는 사상까_{애기동백} 동백이 오솔길 위에 붉은 카펫을 깔고, 하얗게 피어난 카멜리아유시넨시스 종은 과연 이 꽃이 동백인가 하는 의구심을 갖게 한다.

동백을 테마로 동백의 사랑을 담고 있는 카멜리아힐.

카멜리아힐에선 전세계에서 수집한 희귀한 동백꽃들을 볼 수 있다.

동백의 숲 사이로는 화산토로 깔아 놓은 산책길이 있다. 동백꽃봉오리 떨어진 산책로를 따라 새소리, 바람소리를 들으며 사색의 걸음을 걸을 수 있다. 양 씨 부부의 이름 끝자를 딴 '보순연지'는 2개의 연못을 지닌 정원으로 동백꽃과 연못이 이룬 조화가 황홀하다. 곧 꽃잔디와 수선화로 뒤덮일 정원과 맘껏 뒹굴 수 있는 너른 잔디밭 등도 편안히 거니는 휴식에 안성맞춤인 곳이다.

카멜리아힐은 목조주택, 스틸하우스, 제주 전통 초가 등 4채의 펜션도 운영하고 있다. 카멜리아힐 마케팅 팀장은 "이곳을 찾는 이들은 밖으로 많이 돌아다니질 않는다"고 했다. "펜션에서 쉬고 정원을 거닐며 정말 '쉼'에만 집중한다"는 설명이다.

동백이라고 꼭 겨울에만 볼 수 있는 건 아니다. 가을엔 추백, 겨울엔 동백, 봄에는 춘백을 계절에 따라 감상할 수 있다. 봄이 기울어져 동백이 다 지고 나면 정원은 벚꽃과 참꽃으로 다시 화사하게 뒤덮일 것이다.

+ 1박2일 추천코스

+ 1박2일 추천코스
첫날　오후 제주 도착 → 거문오름 트레킹 후 만장굴 등 탐방
다음날　사려니오름 트레킹 후 카멜리아힐 둘러보고 귀경

+ 가는 길
제주에서 옛 5·16도로를 타고 서귀포 방향으로 가다, 비자림로에서 좌회전해 삼나무가로수 짙은 1112번 도로를 타고 조금만 가면 사려니숲길 입구다.

사려니숲길에 해가 저물며 긴 그림자가 드리워졌다.

+ 음식/숙박
섬과 돼지는 궁합이 잘맞나 보다. 일본 오키나와의 돼지가 유명하듯 제주도도 '똥돼지'라 불렀던 흑돼지가 이름값을 한다. 제주인들의 돼지고기 사랑은 뭍에서와 비교가 안될 정도이다. 소고기보다 돼지고기를 훨씬 즐겨 먹는다. 돼지고기를 넣고 끓이는 돼지국수는 제주에서만 맛볼 수 있는 메뉴다. 공항서 5분 거리인 신제주 노형동 일대가 최근 흑돼지 타운을 형성하고 있다. 관광객보다는 주민들이 즐겨 외식을 즐기는 곳이다. 저녁이면 몰려드는 차들로 교통정체를 빚을 정도다. 이곳의 흑돼지 전문점 중 '늘봄흑돼지(064.744.9001~2)'를 추천한다. 노형동 한라대 입구쪽에 있다.

+ 여행 팁
비자림로부터 사려니오름까지 이어진 사려니숲길의 총 길이는 15.5km다. 하지만 일반인에게 개방된 구간은 서어나무숲까지의 7.5km까지다. 나머지 구간은 산림보호 등의 이유로 통제하고 있다. 물찻오름입구에서 성판악으로 이어진 임도도 통제 중이다. 천천히 사려니숲길을 걷고 물찻오름을 올라갔다 내려오는 데 4~5시간 가량 걸린다. 비자림로 입구로 되돌아가지 않으려면 월든 숲에서 붉은오름쪽으로 빠져나가면 된다.
거문오름 트레킹은 미리 예약을 해야 한다. 탐방객 인원을 평일 100명, 주말 200명으로 제한하기 때문이다. 거문오름 트레킹 조직위원회(064.750.2514)에 신청해야 한다. 주말은 많이 밀려 있으니 한달 전에는 신청해야 가능하다.

뜻하지 않은 보물을
발견하는 여행

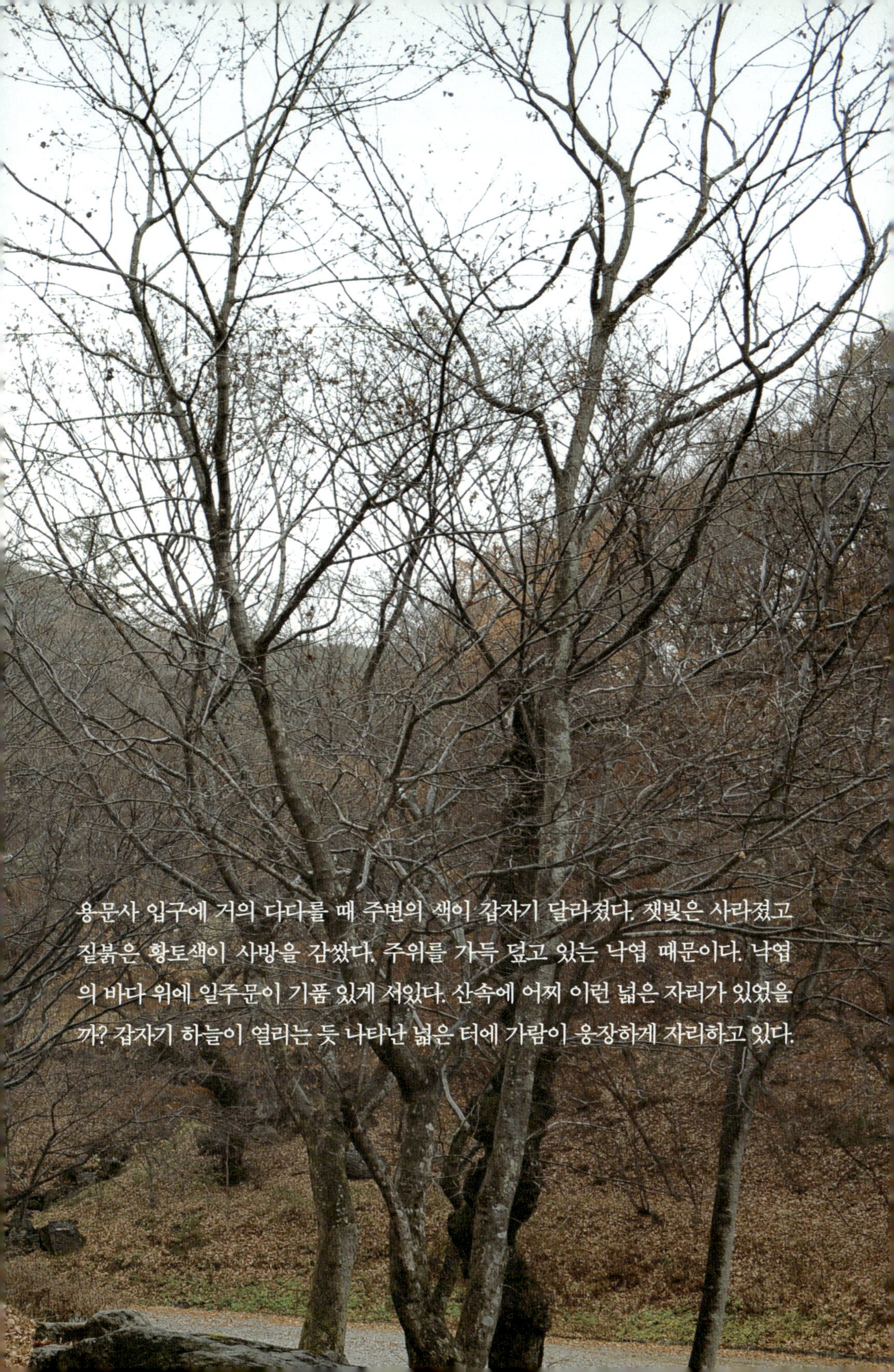

용문사 입구에 거의 다다를 때 주변의 색이 갑자기 달라졌다. 잿빛은 사라졌고 짙붉은 황토색이 사방을 감쌌다. 주위를 가득 덮고 있는 낙엽 때문이다. 낙엽의 바다 위에 일주문이 기품 있게 서있다. 산속에 어찌 이런 넓은 자리가 있었을까? 갑자기 하늘이 열리는 듯 나타난 넓은 터에 가람이 웅장하게 자리하고 있다.

문경에서 고개를 넘어 이웃 동네 예천의 용문사龍門寺는 뜻하지 않은 보물로 가득한 사찰이다. 문경시 산북면에서 경천호를 스쳐 고개를 넘어가면 천년 고찰 용문사가 있다. 고운사高雲寺의 말사인 용문사는 신라 870년 두운이 창건했다고 전해진다. 낙엽 쌓인 긴 돌계단을 오르면 여느 절의 천왕문에 해당하는 회전문이 나온다.

용문사의 보물 중의 보물은 대장전이다. 사찰을 휘감았던 화마를 용케도 피한 용문사에서 가장 오래된 건물로 고려 명종 3년1173년에 세워진 건물이다. 대장전이 불을 피할 수 있었던 건 외벽에 치장된 귀면鬼面과 물고기 조각·용조각 등이 불막이 기능을 제대로 했기 때문이라고 한다. 대장전을 찾

고려 때 지어진 건물로 용문사에서 가장 오래된 대장전.

경북 예천군 용문사와 초간정 금당실마을

는 이들이 빼놓지 않고 쳐다 보는 것도 왼쪽 문 위에 새겨진 도깨비가 물고기를 물고 있는 특이한 조각이다.

대장전 안을 둘러보다 티베트의 마니차를 닮은 듯한 윤장대보물 제684호를 보았다. 경전을 놓은 책장 가운데 축을 달아 회전토록 한 것인데 티베트 불교 신자들은 내부에 불교 경전은 넣거나 새겨 놓은 경통인 마니차를 돌린다. 그들은 경통을 돌릴 때마다 경문을 한 번 읽는 것과 같은 공덕을 쌓았다고 여긴 것은 글을 읽지 못하는 민중들을 위한 배려였을 것이다. 이 마니차와 같은 기능의 윤장대가 우리에게도 있었다니 놀라웠다. 최근 들어 윤장대나 마니차 등을 들여놓는 사찰들이 많이 있긴 하지만 불전을 조금이라

용문사 대장전 안에는 티베트의 마니차를 닮은 윤장대가 있다.

도 더 받아내겠다고 외국의 문물까지 수입한 건 아닐까 생각했었기에 곱게 보이질 않았었다. 그런데 이 윤장대가 우리 불교문화에도 있었던 것이다. 용문사의 설명문에는 금강산 장안사에 3층윤장대가 있었다는 기록과 회암사 터와 혜음원 터에서 윤장대 축 받침돌 유구가 전해지고 있지만 현존하는 것은 용문사 윤장대가 유일하다고 적혀 있다.

왼쪽 윤장대의 8개 면에는 각기 다른 꽃살문이 새겨져 있지만 보존을 위해 쇠줄에 묶인 윤장대를 돌릴 순 없다. 내 몸을 움직여 아름다운 꽃살문을 감상하며 마음 속 윤장대를 돌려본다. 대장전의 정면에 있는 삼존불 뒤에는 금칠을 한 목각탱^{보물 제989호}이 있다. 조선 숙종 때 대추나무로 새긴 이 목각탱은 국내에서 가장 오래된 것이다. 가로 세로 2m가 넘는 크기의 이 조각은 화려한 금빛 도금으로 대장전 내부를 환하게 밝히고 있다.

대장전 계단 아래에는 '자운루^{慈雲樓}'라는 2층 누각이 있다. 임진란 때 승병들이 회의를 하고, 짚신을 만들어 조달했던 호국의 장소이다. 사찰 마당 왼쪽에는 사찰의 유물들을 모은 박물관이 있다. 대장전에서 돌리지 못했던 윤장대를 이곳에 모사해놓은 것으로 대신해 돌려볼 수도 있다. 아름다운 빛깔의 탱화와 조선시대 유명 선사들의 초상화 등을 볼 수 있다.

▎용문사 밑, 영화 속 동네 금당실 마을 ▎

용문사에서 내려와 예천군 용문면사무소가 있는 금당실 마을로 가는 길, 지방도 928번을 만난 지 얼마 안돼 오른쪽으로 아름다운 정자 '초간정^{草澗}^亭'이 눈에 들어온다. '금곡천'이란 넓지 않은 개울이 큰 바위를 만나 크게 꺾여 휘돌아가는 모퉁이 절벽 위에 들어선 정자다. 솔향 그윽한 아름드리 소나무들이 드리워 정자의 운치를 더욱 빛내준다.

금곡천과 어우러진 정자의 풍경만으로도 풍류를 엿볼 수 있는 초간정.

이 정자는 권문해는 조선 중기 우리나라 최초의 백과사전인 『대동운부군옥大東韻府群玉』을 지은 초간草澗 권문해가 심신을 수양하기 지었다고 한다. 『대동운부군옥』은 단군 이래 선조 때까지 역사 인문 지리 등을 총망라한 것으로 초간이 중국의 백과사전인 『운부군옥』을 읽고 힌트를 얻어 편찬한 우리만의 백과사전이다.

초간정에서 금당실 마을 가는 길 중간쯤 '예천 감로루'를 가리키는 이정표가 서있다. 농로를 타고 한참을 올라가 만난 건 특이하게 생긴 고택이다. 세월의 까만 때가 묻은 건물은 함양 박씨 예천 입향조의 묘를 지키기 위해 세운 재실이었다. 재실 한쪽에 누각을 세워 멋을 냈다니 특이했다. 누각의

아래는 마구간으로 썼다고 한다.

금당실 마을은 1960~70년대 우리 옛 농촌으로 타임머신을 타고 들어간 듯한 분위기다. 입구의 울창한 소나무숲을 지나 마을로 들어갔다. 옛 모습의 고택들과 구불구불 얽혀 있는 돌담길이 정겹다. 허리춤 높이의 돌담길은 곡선을 그리며 서로 미로처럼 이어져 있다. 활짝 열린 대문과 낮은 담장으로 서로를 개방하고 사는 마을이다. 옛모습을 간직하고 있는 금당실 마을은 영화의 배경으로도 많이 등장했다. 영화 <나의 결혼 원정기>, <영어완전정복> 등이 이곳에서 촬영했다.

금당실 마을에서 1km 떨어진 곳에 드라마 <황진이>의 무대가 됐던 병암정屛巖亭이 있다. 병풍 같은 큰 바위에 정자가 올라서선 굽은 노송 두어 그루와 어울려 너른 들판을 내려다 보고 있다. 바로앞에는 연못이 있고, 가운데 앙증맞은 인공섬도 있다.

+ 1박2일 추천코스
첫날 오후 용문사 도착 → 사찰 둘러보고 초간정 감로루 들러 금당실마을서 민박
다음날 금당실마을 둘러보기 → 병암정을 지나 안동 하회마을 둘러보고 귀경

+ 가는 길
산북에서 경천호를 끼고 달리면 용문사 금당실 마을이 있는 예천 용문면으로 향한다. 용문에서 수도권으로 귀가할 때는 예천IC에서 중앙고속도로를 타고 오는 것도 좋은 방법이다.

+ 음식/숙박
금당실 마을 시장거리에는 음식점들이 여럿 있다. 이 중 '안동식당(054.655.8752)'은 두부가 주메뉴다. 주인이 직접 만든 두부맛이 일품이다.

+ 여행 팁
금당실 마을엔 옛 고행 풍경이 그대로 남아있다. 구불구불한 마을 고샅도 걸어보고, 낮은 담 너머 우리 이웃이 사는 모습도 구경해보자. 허름한 이발관, 사진관 등을 둘러보며 빈티지 여행을 즐길 수 있다.

용문사 전경.

한라산을 오르는
또 다른 길

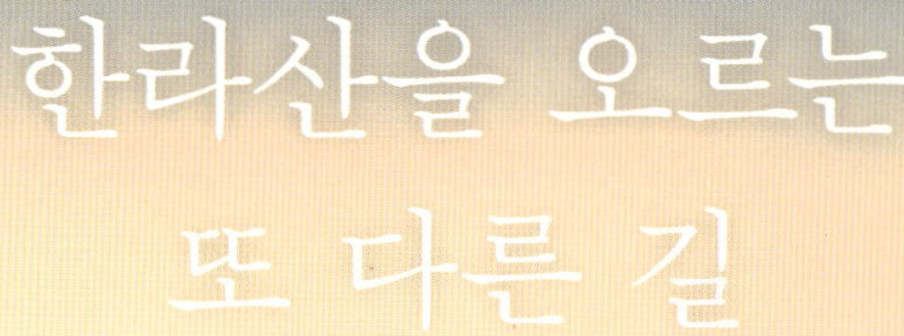

제주의 한라산은 일찌감치 겨울을 불러들여 품었다가 느지막이 겨울을 떠나보내는 산이다. 우리 땅 가장 남쪽에 있건만 은하수를 거머쥘 만큼 하늘과 가까운, 제일 높다란 봉우리이기 때문이다. 한라의 순결함을 간직하고 있는 돈내코에 설화가 예쁘게 피어날 날을 기다리다 제주행 비행기에 몸을 실었다.

한라산을 오르는 데는 성판악·관음사·어리목·영실·돈내코 등 5개 코스가 있다. 이중 15년 동안 문을 닫아걸었던 돈내코 코스가 2009년 개방됐다. 돈내코 코스 일대는 제주의 희귀한 산림자원의 보고다. 아열대부터 난대·온대·고산지대 식물을 차례로 볼 수 있는 곳이다. 등산객의 발길에 많은 상처를 입었던 돈내코 코스는 인간의 출입을 막고 긴 시간 자연치유를 통해 땅심을 되찾았다. 이번에 개방된 돈내코 코스는 돈내코 입구 안내소-남벽 분기점-윗세오름 대피소까지 모두 9.1km로 왕복 7~8시간이 필요한 거리다.

이른 아침 숙소에서 나왔다. 서둘러 해장국으로 아침을 때우고는 돈내코로 향했다. 주차장에는 벌써 산행을 준비하는 이들로 북적였다. 버스를 대절한 어느 산악회 회원들은 단체로 힘찬 구령소리와 함께 몸을 풀었다. 돈내코 코스는 무덤 한가운데로 난 길을 따라 등산로가 시작되어 조금 으스스하다. 돈내코 코스 안내소를 지나 짧은 숲길을 벗어나면 긴 나무계단 길이다. 뒤돌아보니 서귀포시와 바다가 한 눈에 내려다보인다. 바다 위로 빨간 햇덩이가 솟아 힘차게 붉은 빛을 토해냈다.

겨울이지만 다른 한라산 코스와 달리 돈내코 코스의 시작점에는 눈이 없다. 계절로 친다면 가을 분위기다. 지리한 나무 계단 길을 지나고 다시 숲길이 이어진다. 푸르름이 여전한 숲에는 싱그러운 새소리가 가득했다. 숲 속의 등산로는 오래된 옛 돌길로 이뤄졌다. 15년여 동안 인간의 발길을 멀리하고 자연과 하나가 되었던 돌길이다. 수년 전 내금강 옛길을 찾았을 때의 느낌이 떠올랐다. 반듯하지 않고 예스러운 돌길이 정겹게 발끝에 착착 감겨왔다. 중간 중간에 나오는 돌로 만든 옛 안내판도 고졸한 멋이 있어 좋다. 마치 지난 시간 속으로 여행을 떠나는 느낌이다.

제주 한라산 돈내코

하얀 눈으로 뒤덮인 한라의 숲길. 까마귀 한마리가 눈그림에 제 몸뚱이 하나를 찍었다.

해발 800m 가량 높이에 이르렀을 즈음 발 밑에 흰 눈이 깔리기 시작했다. 이제 한라산의 겨울로 접어들었다. 계절의 타임머신 여행이다. 2.5km 가량 지났을 때 적송지대가 나타났다. 백두대간 큰 줄기에서 봤던 굵은 둥치의 쭉쭉 뻗은 소나무들이 무리를 짓고 있다. 발바닥에 살짝 깔렸던 눈도 이제 발자국이 깊숙이 찍힐 정도로 두툼해졌다. 이제부터는 깊은 겨울의 한라산이다.

등 뒤에서 환한 빛이 쏟아지길래 고개를 들었다. 나뭇가지 사이로 파란 하늘이 보였다. 귀하게 열린 하늘이다. 거의 매일같이 눈구름을 이고 있던 한라산 산정이 모처럼 말갛게 모습을 드러냈다. 언제 또 구름이 몰려들지 모르기 때문에 서둘러야겠다.

마침내 길고 긴 숲길을 벗어나자 저 멀리 백록담을 감싼 남벽이 보였다. 깊은 바다 빛의 시퍼런 하늘엔 구름 한 점 없었고, 먹먹한 하늘을 이고 있는 남벽은 웅장했다. 가파른 경사로 시커먼 맨 살을 드러낸 남벽은 깊은 주름의 틈바구니에만 희끗희끗 잔설을 이고 있을 뿐이다.

남벽을 정면에 두고 장대한 설원을 걸어 올랐다. 봄이면 한라산 제일의 진달래, 철쭉의 향연이 펼쳐진다는 곳이다. 모든 걸 눈이 덮었고 그 순백의 아름다움에 눈이 시렸다. 등산로를 알리는 높은 깃대엔 서리꽃이 두툼하게 달라붙었다. 남벽통제소의 전망대를 지나 윗세오름으로 이어지는 능선길을 향했다. 방아오름샘까지

남벽에서 윗세오름으로 이어지는 길의 눈꽃터널(위). 한라산에서 가장 높은 샘인 방아오름샘(아래).

제주 한라산 돈내코

한라의 겨울 산행객들만이 감상할 수 있는 황홀한 풍경.

20분, 윗세오름 대피소까지는 1시간 거리다. 나무계단을 타고 올라 방아오름샘에 도착했다. 얼음 둥둥 떠있는 샘물을 한바가지 떠서 목을 축였다. 그간 산행의 피로와 갈증이 한번에 풀어질 정도로 맑고 시원했다. 한라산에서도 가장 높은 곳에 있다는 샘물이니 국내서 가장 높은 샘물이다.

윗세오름에 거의 이르렀을 무렵 영실이나 어리목으로 내려갈까, 아니면 돈내코로 다시 내려갈까 고민이 시작됐다. 뒤를 돌아보니 바다가 열렸다. 서귀포시 하늘을 덮었던 구름이 얇아지면서 창대한 바다가 내려다 보였다. 산정에서 새하얀 설원 너머로 바라본 바다였다. 서귀포시 앞바다에 앙증맞게 떠있는 섬들이 정오의 햇살을 받아 반짝이며 손짓하는 게 아닌가. 미련 없

이 다시 돈내코로 향했다.

　남벽통제소 앞 전망대에 털썩 주저앉았다. 남벽을 가장 가까이 정면으로 마주하는 공간이다. 배낭에 넣어 온 차가워진 빵을 씹기 시작했다. 깎아지른 절벽의 사이사이 흰 눈이 쌓인 거친 틈바구니가 눈에 들어왔다. 창처럼 날카로운 바위의 끄트머리에도 하얀 서리가 내려앉았다.

　땀이 식기 전 서둘러 하산을 시작했다. 그때였다. 거짓말처럼 산 저편에서 구름이 치고 올라왔다. 영실과 어리목에서 피어 올라온 구름이다. 남벽 위로 치마를 펼치듯 하얀 구름바람이 휘감았다. 희뿌연 안개, 꿈속 같은 백설의 세상으로 남벽이 숨어 버렸다.

+ 1박2일 추천코스

첫날　오후 제주 도착 → 올레 1개 코스 걷기
다음날　새벽 돈내코 코스 산행 후 귀경

+ 가는 길

한라산의 5개 코스 중 백록담을 오를 수 있는 곳은 성판악과 관음사 2개 코스뿐이다. 돈내코 코스는 윗세오름으로 연결돼 어리목과 영실 코스와 연계된다. 돈내코 코스로 왕복할 경우 남벽통제소까지 7시간, 윗세오름대피소까지 9시간 예상해야 한다. 영실이나 어리목에서 산행을 시작해 돈내코로 내려올 경우에는 6시간 정도 걸린다. 윗세오름 대피소에서 오후 1시가 넘으면 돈내코로 내려가는 길을 통제한다. 남벽통제소에서도 오후 2시면 윗세오름통제소로 올라가는 길을 통제한다. 눈보라가 심할 경우 윗세오름통제소와 남벽을 잇는 능선길이 자주 통제된다. 길이 눈에 파묻혀 위험하기 때문이다.

+ 음식/숙박

제주도에선 '고기국수'를 먹는다. 돼지뼈를 고아 낸 국물에 돼지고기를 얹어 내놓는 국수다. 돼지고기라 느끼할 것이라 선입견을 갖기 쉬울텐데 천만에다. 개운하고 담백한게 일본식 라면과 비슷하다. 제주시 연동 그랜드백화점 인근의 '올레국수(064.742.7355)'가 유명하다.

제주를 상징하는 또 다른 음식은 '해물뚝배기'이다. 서귀포시 서귀포항 인근의 '제주할망뚝배기(064.733.9934)'에서 싸고 푸짐하게 제맛의 해물뚝배기를 먹을 수 있다.

+ 여행 팁

영실이나 어리목에서 산행을 시작할 때는 승용차 대신 버스 등을 이용하는 게 좋다. 영실 어리목을 잇는 1100도로가 눈길로 미끄럽기 때문이다. 돈내코 코스 입구는 눈이 쌓이지 않아 항시 승용차로 접근하기 쉽다.

돈내코 코스 중간에는 평궤대피소에만 간이 화장실이 있다. 간단한 음료나 라면 등을 사먹는 휴게소는 윗세오름 대피소까지 올라야 만날 수 있다. 점심은 미리 준비해오는 게 좋다. 눈이 깊게 쌓여 있어 등산화, 아이젠, 스패치 등 겨울등산 장비는 필수다.

평궤대피소 인근의 전망대.

방아오름샘 옆의 전망대.

설화

그 빛. 구름 위 세상은 달랐다. 구상나무가 숲의 벌판을 이룬 능선 자락의 사방은 눈조각 전시장이다. 구름이 말갛게 씻어낸 산자락은 백설로 더욱 반짝인다. 다이아몬드를 수천, 수만 개 뿌려놓은 듯 거침없는 빛의 반사다. 황홀한 빛의 잔치가 벌어졌다. 순결한 청과 백, 단 두 가지 색깔뿐이다. 산행객들도 그저 입을 다물고 묵묵히 걸어가기만 한다. 그 어떤 감탄사로 이를 설명한단 말인가.

수직의 빙벽엔
깨지는 얼음만큼
짜릿한 스릴

몇 년 전 일이다. 원정대를 따라 에베레스트 해발 5,400m 베이스캠프까지 올라 갔다. 일반인들이 오를 수 있는 최고 높이다. 그 이상은 전문 산악인에게만 열려 있다. 이유는 '아이스폴ice-fall'이라는 거대한 빙벽을 넘어야 하기 때문이다. 빙벽 은 그렇게 아마추어와 프로페셔널을 경계 지었다.

감히 얼음벽을 넘을 수 없어 베이스캠프 텐트에서 밥만 축내고 있을 때, 원정대원들은 빙벽을 넘나들며 해발 6,000~7,000m 고지에 캠프를 구축하고 공격 루트를 뚫고 다녔다. 사진을 담당하는 대원이 빙벽 너머서 찍은 사진을 보여줬을 때 부러움의 깊은 탄식이 튀어나왔다. 사진 속 아이스폴 위의 풍경은 다른 세상이었다. 흰 눈과 얼음만으로 둘러싸인 신비의 공간이었다. 내게도 저런 풍경을 맞닥뜨릴 기회가 올까 생각하며 부러워만 하다 하산하는 길에 기필코 빙벽등반을 배워보리라 다짐을 했다. 아이스클라이밍은 얼음벽 너머의 세상을 만날 수 있는 첫 관문의 자격증과 같은 것이었다. 그리곤 시간이 흘렀고 다른 많은 다짐들이 그래왔듯 빙벽등반도 점점 머릿속에서 흐려져갔다.

경북 청송의 얼음골에서 '아이스클라이밍 월드컵'이 열린다는 이야기를 들었다. 4년 전 그 때의 기억이 되살아났고, 혹시나 거대한 빙벽에 설 수 있는 기회를 얻을 수 있지 않을까 하는 마음에 얼음골로 차를 몰았다. 얼음골 절벽의 반쪽은 인공폭포가 얼어붙어 거대한 빙벽이 둘러쳐졌다. 나머지 반쪽엔 아이스클라이밍 월드컵이 치러질 인공 구조물이 설치돼 있다. 모든 대회가 인공 구조물에서만 진행되다 보니 거대한 빙폭은 빈 채로 남아 있었다. 후원사 로고가 덕지덕지 붙어 눈살이 찌푸려지는 경기장과 대비돼 새하얗기만 한 빙폭은 더욱 눈이 부셨고 순정했다.

얼음골에 햇빛이 비치기 시작한 정오 무렵 마침내 빙폭에서 빙벽 체험이 시작됐다. 체험장이 준비되자마자 서둘러 달려갔고 순서를 기다렸다. 체험장에 준비

아이스클라이밍 대회에서 경연을 펼치는 선수.

경북 청송군 얼음골 빙벽

빙벽타기에 필수장비인 12발 아이젠을 낀 중등산화(왼)와 아이스바일(오른).

된 장비는 빙벽화로 불리는 동계용중등산화와 12발 아이젠, 얼음을 찍어대는 아이스바일, 헬멧 등이다. 발에 맞는 신발을 신어보고, 아이스바일을 들어 몇 걸음 걸어봤다. 발 밑에서 얼음이 잘게 부서지는 소리에 몸이 반응을 시작했다. 날카로울 만큼 짜릿했다.

허리에 로프를 묶었다. 빙벽 꼭대기에 고정된 로프고리와 연결된 로프의 한쪽 끝은 등반자가, 반대편은 안전을 책임지는 확보자가 몸에 감는다. 빙벽 등반자에게 로프는 생명줄이고, 그 줄을 지상에서 쥐고 있는 확보자는 생명의 담보자다. 자칫 빙벽서 미끄러졌을 때 확보자마저 줄을 놓쳐버리면 등반자는 그냥 추락이다.

준비를 마치고 성큼 걸음을 내디뎠다. 계단 모양으로 굳어진 얼음 무더기를 지나 드디어 수직의 빙벽 앞에 섰다. 우선 팔을 크게 휘둘러 빙벽 위에 아이스바일을 찍는다. 쉽게 박히지 않는다. 몇 번의 도끼질 끝에 콕 박힌 아이스바일이 흔들리지 않는 것을 확인하고, 이번엔 발의 아이젠을 푹 박아선 디딜 자세를 마련했다. 오른손 왼손, 오른발 왼발 식으로 순차적으로 얼음을 찍어가며 올랐다.

생각보다 수월하다고 생각할 즈음 도끼질에 깨진 작은 얼음조각이 눈두

얼음파편이 얼굴을 할퀴고, 등과 목에선 땀이 주르륵 흐르지만 스릴만은 최고인 빙벽타기.

경북 청송군 얼음골 빙벽

덩이를 스치는데 따갑다. 깨진 얼음은 칼날과 같아서 얼굴을 감싸는 두건이 필수라 했다. 다음 오른손으로 아이스바일을 찍는데 아뿔싸, 얼음벽과 살짝 떨어져 있는 고드름을 때리고 말았다. '와장창' 기다란 고드름이 부서지며 발 밑으로 떨어졌다. 순간 몸에서 힘이 빠져나갔다. 다시 올라보지만 점점 힘에 부치기 시작한 팔의 움직임이 점점 둔해진다. 아이스바일을 들어 얼음을 쳐대는데 도통 박히질 않는다. 운동은 등한시하고 체중만 늘렸으니 나태함의 저주이리라. 몸집은 풍선 부풀듯 불었는데 팔의 근육은 더욱 쪼그라들었다. 그 연약한 팔이 버틸 한계를 넘은 것이다. 팔을 좀 풀어보고 싶지만 수직의 얼음벽에 달라붙은 상황이라 여의치 않다. 손이 미끄러지기 시작하자 발도 따라서 미끄러진다.

고지가 바로 저 앞인데 생명줄을 쥔 확보자가 이제 됐다고 내려오란다. 듣던 중 반가운 목소리다. 만들어지지 않은 몸으론 그게 최선이었다. 내려오는 것도 쉽지 않다. 줄에만 의지한 채 빙벽에서 사지를 떼어내야 한다. 하지만 추락을 각오해야 하는 일에 경직된 팔 다리는 쉽게 떨어지려 하지 않는다. 에라 모르겠다. 빙벽을 퉁 밀치고 허공에 몸을 떠밀었다. 황망한 정신으로 그럭저럭 바닥에 내려올 수 있었다.

올라갔던 빙벽을 다시 올려다 본다. 앞선 이들이 올랐을 때 봤을 때는 몰랐는데 지금은 왜 그리도 높아 보이는지. 까마득했다.

ㅣ 주왕산의 겨울폭포와 주왕굴의 얼음커튼 ㅣ

한겨울 주왕산周王山 ㅣ 720m 품에 안겼다. 주왕산은 전설이 이름으로 굳어진 산이다. 중국 당나라 때 일이다. 799년 주도周鍍라는 이가 자신을 주왕이라 자칭하며 난을 일으켰다. 결국 주왕은 그 뜻을 이루지 못하고 신라 땅까지

쫓겨와선 이 산에 숨어들었다. 암굴에서 숨어 지내던 주왕은 결국 토벌군에 목숨을 잃고 말았다. 돌이 병풍을 둘렀다는 석병산石屛山이 주왕산이 된 연유다. 주왕산 입구 주방계곡 코스 입구에 있는 대전사大典寺도 주왕의 아들 대전도군에서 이름을 따왔다고 한다.

깃대봉을 병풍 삼아 대전사가 자리하고 있다.

주왕산은 우뚝우뚝 솟은 바위가 매력적인 돌산임에도 주방천, 절골계곡 등 풍부한 유량의 물줄기를 품고 있다. 얼음골에 인공폭포가 만들어낸 거대한 빙벽이 있다면, 주왕산 골골엔 돌산의 물줄기가 빚은 자연폭포가 아름다운 빙폭을 이루고 있다.

주왕산의 겨울폭포를 찾아 떠난 길, 깃대봉을 병풍 삼아 자리한 대전사大典寺를 지나 숲길로 접어들었다. 신라의 왕위다툼에 얽힌 얘기를 전하는 급수대級水臺를 지나 학의 사랑 이야기가 서린 학소대鶴巢臺에 이르렀다. 주왕산 기암풍경이 이제 절정으로 치닫는 순간이다. 학소대에서 한 굽이 기암을 돌아들면 제1폭포를 만난다. 사과를 쪼개듯 손으로 벌린 듯한 바위 틈으로 폭포수가 떨어졌고, 물이 고인 둥글고 너른 웅덩이를 거대한 기암들이 포근하게 둘러싸고 있다. 마치 바위 항아리 안에 들어와 있는 듯하다. 폭포도 얼었고, 웅덩이도 얼어 하얗다. 자세히 들여다 보니 폭포는 겉만 얼어붙었다. 얼음껍질 속에선 세찬 물줄기가 떨어져 내린다. 아무리 매서운 엄동설한도 쉼 없는 흐름만큼은 이기지 못하나 보다.

제1폭포에서 15분 가량 더 오르면 오른쪽 샛길이 제2폭포를 안내한다. 2단 폭포인 제2폭포는 그 모습이 여성스럽다. 폭포 바로 앞까지 걸어 들어

경북 청송군 얼음골 빙벽

주왕굴에서 바라본 산중 비밀의 정원.

갈 수 있다. 아무도 없는 폭포 앞에서 하얗게 굳어버린 폭포를 마주한다. 왠지 오지 않는 님을 한탄하며 그 자리에 굳어버린, 웨딩드레스를 입은 신부를 마주한 느낌이다. 폭포 앞 얼어붙은 소에선 유독 더 날카로운 냉기가 번져 올랐다.

제2폭포와 헤어져 다시 15분 산길을 걸으면 주왕산에서 가장 웅장한 낙폭인 제3폭포를 만난다. 이곳도 2단으로 된 폭포다. 바위 밑부분뿐만 아니라 옆구리까지 둥글게 파헤친 것을 보니 한여름 얼마나 세차게 물줄기가 흘렀을지가 짐작된다.

폭포의 중간에 전망대가 설치돼 있어 올랐다. 제3폭포 또한 폭포의 겉만 얼었고, 그 안에선 콸콸 물줄기가 떨어졌다. 낙수소리가 얼음벽 안에서 목탁을 울리듯 공명해 퍼져 나온다. 물이 제 스스로를 얼음 껍데기로 싸선 겨울의 생명을 잇고 있는 소리다.

주왕산의 또 다른 빙폭을 주왕굴 앞에서 만났다. 학소대에서 산비탈을 타고 오르면 주왕이 최후를 맞았다는 주왕굴을 만난다. 굴 속에 숨어 있던 주왕이 굴 입구에 흐르는 물을 먹으러 머리를 내밀었다가 토벌군의 화살을 맞고 생을 다했다는 곳이다. 주왕의 최후를 전설로 담고 있다지만 굴은 첫눈에 그리 흡족하지 않다. 규모도 생김새도 초라해 보인다. 그나마 굴 입구에 주왕이 마시려 했다는 물줄기가 얼어붙은 얼음커튼이 있어 굴의 누추함이 조금 가려졌다.

하지만 막상 굴 안에 들어와 밖을 바라보니 굴 구멍 밖으로 펼쳐지는 아늑한 풍경에 입이 절로 벌어진다. 깎아지른 기암절벽이 동그랗게 굴 밖 공간을 감싸고 있다. 얼음커튼 너머엔 산중 비밀의 정원이 다소곳이 들어앉아 있었다.

+ 1박2일 추천코스

첫날 달기약수터 인근서 백숙으로 점심식사 → 주왕산 트레킹 후 청송고택에서 숙박

다음날 얼음벽 체험 후 주산지 둘러보고 귀경

+ 가는 길

청송은 경북 내륙에 깊숙하게 들어앉았다. 그래서 길이 멀다. 중앙고속도로 서안동IC에서 나와 안동시내를 거쳐 34번 국도를 타도 달린다. 진보에서 31번 국도를 갈아타고 남으로 가면 청송읍을 지나 주왕산 들어가는 진입로를 만난다. 주왕산에서 영덕으로 가는 길에 얼음골을 지난다.

+ 음식/숙박

장작불로 덥혀진 설설 끓는 구들장이 그리운 이들에겐 청송 파천면 덕천리의 '송소고택(054.874.6556)'을 권한다. 청송 심씨 집성촌에 있는 1880년대 지어진 99칸의 대저택으로 체험객을 위해 일반에 개방됐다. 방 가격은 크기에 따라 1박에 5~20만원(www.송소고택.kr).

+ 여행 팁

빙벽등반은 하고 싶다고 함부로 나설 일이 아니다. 코오롱등산학교(02.3677.8520) 같은 등산학교난 전문기관의 훈련과정을 이수하는 것이 좋다. 등산학교에선 장비도 빌릴 수 있다. 코오롱등산학교의 원종민씨는 "암벽등반을 배운 경험이 있으면 빙벽 등반이 좀 더 수월하다"고 말했다.

빙벽을 타기엔 좋은 빙질을 유지할 수 있는 영하 5도 이하의 날씨가 좋다. 떨어지는 낙빙에 대비해 헬멧은 필수다. 얼음을 찍고 올라가는 아이스바일, 12발 아이젠, 동계용중등산화가 필요하고, 깨진 얼음이 얼굴에 부딪는 것을 막는 두건 등도 필요하다. 등반자가 많은 곳은 가급적 피하고 낙빙이 없도록 주의해야 한다. 만일 낙빙이 생기면 "낙빙"이라고 크게 외쳐 밑에서 오르는 이들에게 알려야 한다. 타인이 등반하는 곳을 추월하거나 하강해선 안된다. 등반 전 긴장된 근육을 풀어주는 스트레칭이 필요하다.

청송 송소고택에선 군불을 때는 제대로 된 온돌방에서 잘 수 있다.

전북 무주군 덕유산 눈꽃
사진 한 장에
담을 수 없는
찬란한 설국

온통 흰눈으로 뒤덮인 설국은 구름 한 점 없는 짙푸른 하늘 아래에서 제 빛을 찬란히 토해낸다. 산정 가득 덮은 백설의 반짝거림은 수천 수만 개의 다이아몬드를 뿌려놓은 듯 거침 없이 빛을 반사했다. 그 순결한 청과 백의 조화에 눈은 아리도록 시려왔고, 가슴은 첫사랑을 만난 것처럼 쿵쾅거렸다.

하양은 푸름을 만나 가장 화려해지는 걸까. 덕유산 향적봉대피소 구조대장의 말마따나 일년에 하루나 이틀 있을, 정말 축복 받은 날의 기적 같은 풍경이었다.

사흘 밤낮을 내린 눈은 나뭇가지에도 수북이 쌓여 맘껏 설화를 피웠고, 푸른 하늘이 주는 거침없는 시야엔 지리산·가야산·마이산 등 주변의 산세가 손에 잡힐 듯 가까웠다. 오두산과 비슬산 등 경남 거창·함양의 산자락에는 연무가 아스라이 피어나 설경 그 이상의 감동을 던져주고 있다. 덕유산 눈꽃이 주는 황홀경이다. 남한 땅에 무주의 덕유산1,614m 보다 높은 산은 한라산과 지리산과 설악산뿐이다. 하지만 그 높은 덕유산 정상에 오르기는 매우 쉽다. 정상인

화려한 눈꽃이 마치 순록의 뿔 모양으로 피어났다.

향적봉 턱밑인 설천봉1,520m까지 스키장의 곤돌라가 놓여졌기 때문이다.

덕유산 눈꽃 구경 가는 길은 문명의 이기를 이용했다. 곤돌라를 타고 산의 7부 능선에 접어드니 나무들이 곱게 눈을 뒤덮고 눈의 숲을 이뤘다. 혹시나 오전의 강렬한 햇살에 벌써 눈이 다 녹았으면 어떡하나 했던 걱정이 말끔히 사라졌다. 곤돌라에서 내려서자 주변엔 눈부신 설국이 펼쳐진다. 설천봉 정상엔 스키어들 대신 카메라를 든 사진작가들이 설경을 담으려 분주히 눈밭을 돌아다니고 있었다. 다들 "내 생애 이런 눈꽃을 또 볼 수 있을까" 감격에 겨운 표정이다.

나무계단으로 이어진 눈꽃 터널을 통해 향적봉으로 향했다. 층층나무·

전북 무주군 덕유산 눈꽃

스키장 정상인 설천봉에는 스키어보다 신난 사진작가들이 눈밭을 뛰어다니며 사진을 담는다.

개벚나무·물푸레나무 등 푯말이 각각의 나무이름을 말해주지만, 이들 나무는 모두 한가지 꽃들만 피워낼 뿐이다. 그 어느 꽃보다 화려한 눈꽃 말이다. 눈 덮인 가지는 순록의 뿔 모양이다. 새파란 하늘을 향해 뾰족뾰족 하얀 뿔들이 솟았다. 20여분 만에 도착한 향적봉 앞에 서있는 한길 넘는 3개의 돌탑이 정상임을 알린다. 서쪽은 탁 트여 광활한 조망을, 동쪽은 가야산 등의 산릉이 수겹으로 중첩돼 묵직한 수묵화를 보는듯한 절경을 선물한다. 설경도 설경이지만 그 산자락이 품은 연무에 등산객의 시선은 마냥 빨려 들어간다.

향적봉에서 중봉으로 가는 길목에 향적봉대피소가 있다. 지난밤 그곳엔

덕유산 눈꽃에 빠져든 사진작가들이 스스로 화려한 눈세상에 녹아들어 스스로 그 풍경의 일부가 된다.

전북 무주군 덕유산 눈꽃

눈옷을 입은 통신탑.

사진작가들 수십 명이 머물렀을 것이다. 이른 아침 덕유산의 일출, 설산의 능선 너머로 떠오르는 장엄한 태양 한 컷을 잡기 위해 모인 그들이다.

대피소에선 덕유산의 일출 포인트로는 향적봉 정상에서 백련사白蓮寺 방향으로 50m 내려오다 좌측에 있는 주목 고사목, 또 그 옆 조릿대 밭도 붉은 태양빛이 번질 때 썩 좋은 사진을 건질 수 있다. 대피소 인근 통신탑 아래는 일출과 일몰 모두 '한방'을 건질 수 있는 명당이다. 중봉에서 남덕유산 방향으로 휘어져 나가는 덕유산 능선의 곡선이 기가 막히기 때문이다. 덕유산 눈꽃이 아름다운 이유에 대해 대피소 분들은 덕유산의 위치가 한반도 동과 서의 딱 중간이고, 그 능선이 남북으로 길게 누워 동서를 넘는 구름과 습기가 산자락에 부딪혀 비와 눈, 안개를 내리기 때문이라고 설명했다.

덕유산 산정엔 11월 중순부터 눈이 쌓여 3월말까지 지속된다. 진달래와 바람꽃 등이 핀 뒤인 5월에도 눈이 내릴 때가 있다. 꽃대까지 쌓인 눈 위로 새치름하게 꽃송이가 고개를 내민 모습이 덕유산 눈풍경의 절정이라고 산꾼은 이야기 한다.

❙ 하얀 눈두루마기 두른 마이산 ❙

전북 진안의 마이산은 생김새부터 묘한 미스터리 산이다. 봉우리가 암수로 나뉘어 있는 것도 독특하지만 동서남북에서 본 모습이 모두 다르다. 산자락

에는 언제 누가 세웠는지조차 정확하게 가려지지 않은 돌탑들이 서있고, 산 골짜기에 한겨울 물을 떠놓으면 고드름이 거꾸로 치솟는다. 이런 신비함 때문에 마이산은 오래전부터 영산靈山으로 여겨왔다.

북쪽 주차장에 차를 대고 한발 두발 눈길을 걸었다. 오르막 계단을 한참 오르니 수마이봉과 암마이봉을 잇는 작은 능선의 고갯마루를 지나면 천왕문이 나온다. 여기서 수마이봉으로 150m 오르면 나오는 화엄굴로 이르는 계단은 눈때문에 미끄럽다. 화엄굴에는 사시사철 석간수가 흐른다. 이 샘물을 마시면 아들을 낳는다는 속설에 많은 부인네들이 몰려들었던 곳이다. 지금은 물이 오염돼 마실 수 없는 물이 됐다.

태조 이성계의 전설이 어린 은수사(왼)와 타포니 현상으로 바위에 홈이 파인 마이산 봉우리(오른).

화엄굴에서 바라본 암마이봉. 녹은 눈이 얼어붙은 봉우리엔 커다란 흉터 같은 구멍이 뚫렸다. 마치 수저로 아이스크림을 파먹은 듯 홈이 패였다. 마이산의 바위는 만지면 쉽게 부스러지는 역암礫岩으로 이뤄져 있다. 봉우리는 약 9,000만년 전부터 1억년 전 사이 호수가 융기해 생겼다. 쉽게 바스라지는 표면에 구멍이 숭숭 뚫려 있는 타포니 지형이다. 타포니는 '벌집모양의 자연동굴'을 뜻하는 코르시카Corsica의 방언에서 유래했다.

고개를 넘어 조금만 내려가면 은수사銀水寺다. 절마당에서 바라본 마이봉엔 눈이 없다. 볕을 받는 남쪽 면이라 일찍 녹아 내렸다. 은수사 청실배나무 아래 정화수 그릇에 물을 떠놓으면 가운데서 얼음기둥이 하늘로 솟아 오르는 역고드름이 나타난다. 사람들은 이 '거꾸리 고드름'을 심령의 발로發露라 일컫기도 하지만 우뚝 솟은 암수 마이봉 사이에서 급격한 공기의 대류현상으로 공기가 위로 빨려 올라가는 효과 때문일 것이라는 게 일반적인 분석이다. 은수사의 또 다른 자랑거리는 사찰 마당에 있는 천연기념물 제380호 줄사철나무와 제386호 청실배나무이다. 청실배나무는 조선 태조가 심었다고 전해지니 600여 년이 넘었다.

정겨운 산책로를 따라 내려가면 돌탑이 떼를 이루고 있는 탑사다. 기기묘묘한 탑 80여기가 서있다. 탑들은 화강암으로 이뤄져 있다. 푸석푸석한 지형에서 어떻게 모았는지 죄다 화강암들이다. 돌들을 마구 쌓아올린 것 같지만 바람이 불어도 쓰러지지 않는다고 한다. 탑사 대웅전 옆으로 암봉에서 눈녹은 물이 후두둑 떨어진다. 수직의 절벽에서 떨어진 물방울은 나무에 맺혀 빙화로 다시 피어났다. 탑사를 지나 내려오면 커다란 저수지 탑영제다. 호수는 마이산 덩어리를 통째로 담근 채 하얗게 얼어붙었다.

수많은 돌탑으로 유명한 마이산 탑사.

마이산 가는 길은 북쪽 매표소나 남쪽 매표소를 이용하는 2가지 방법이 있다. 북쪽은 마이산의 두 봉우리를 가장 잘 볼 수 있는 곳이지만 대신 약간의 산행을 감수해야 한다. 남쪽은 걷는 길이 길지만 거의 평지라 쉽게 탑사와 은수사까지 이를 수 있다.

첫날　오후 진안 마이산 탐방 → 저녁 덕유산서 숙박

다음날　덕유산 곤돌라 타고 정상행 → 산행 후 귀경

+ 가는 길

무주리조트에서 출발하는 곤돌라는 오전9시부터 오후4시까지만 운행하며 15~20분 걸린다. 왕복 1만1,000원, 편도 7,000원이다. 설천봉 곤돌라 탑승장에서 향적봉까지는 20~30분 걸린다.

'강나루' 식당의 민물매운탕(위)과 어죽(아래).

+ 음식/숙박

무주의 음식은 덕유산과 금강의 청정 자연에서 나온다. 무주를 대표하는 음식은 산채음식과 어죽, 쏘가리 등 민물매운탕이다. 금강이 크게 휘돌아 나가는 내도리에 '강나루(063.324.2898)' 등 어죽과 민물매운탕 전문집들이 여럿 있다. 쏘가리매운탕은 쏘가리를 통째로 넣고 푸짐히 끓여 내고, 어죽은 비린내 없는 얼큰하고 진한 국물이 일품이다. 지역 분들은 "자고로 첫 수저를 뜨고 '어 죽이네'하는 감탄사가 나와야 진정한 어죽이라고 할 수 있다"며 청정 금강의 상류에서 잡은 물고기로 끓여내는 무주의 어죽 맛을 자랑한다.

향적봉 대피소(063.322.1614)에서 숙박하려면 전화로 선착순 예약해야 하며 정원은 40명이다. 향적봉에서 도보로 하산할 경우 바로 백련사로 내려가는 코스는 2~3시간, 중봉을 거쳐 오수자굴을 지나 백련사로 내려가는 코스는 3~4시간 예상하면 된다. 눈이 많으면 시간은 배가 더 걸릴 수 있다.

+ 여행 팁

눈길에서의 작은 실수는 자칫 큰 사고로 이어질 수 있으니 일반 여행과 달리 꼭 필요한 장비를 갖춰야 한다. 그 중 우선은 손전등과 아이젠. 겨울은 특히 일몰이 일러 갑자기 날이 어두워질 수 있다. 아이젠은 4발짜리 이상이면 무난하다. 눈길에 운동화는 금물이다. 발목까지 감싸는 등산화에 고어텍스 등 방수기능을 갖춘 제품을 신어야 한다. 장갑과 양말은 여벌을 준비하는 게 좋다. 등산에서 제일 피해야 하는 옷은 면 제품으로 쉽게 땀이 배고, 오랫동안 마르지 않아 저체온증을 유발한다.

순백의 조화

모든 빛이 빠져 버린 색, 하양. 그 모든 컬러가 다 빠지고 남은 흰빛이
이리 찬란할 수 있을가. 그저 하양기만 한 눈빛은 그 어느 색보다 화려하다.
특히 푸른 하늘에 대비된 하양은 눈이 부시다. 한겨울 모든 생명이 숨을
죽여 삭막한 빛만 가득한 계절, 흰 눈은 그 모든 걸 덮어주며 풍경을
완성시킨다.